牛樟树研究与开发利用

杨俊贤　谭嘉娜　罗青文　主编

中国农业出版社

北　京

图书在版编目（CIP）数据

牛樟树研究与开发利用／杨俊贤，谭嘉娜，罗青文主编．—北京：中国农业出版社，2019.8
ISBN 978－7－109－26225－6

Ⅰ.①牛… Ⅱ.①杨… ②谭… ③罗… Ⅲ.①樟树—研究 Ⅳ.①S792.23

中国版本图书馆 CIP 数据核字（2019）第 242339 号

中国农业出版社出版
地址：北京市朝阳区麦子店街 18 号楼
邮编：100125
责任编辑：廖 宁 吴丽婷
责任校对：刘飔雨
印刷：北京缤索印刷有限公司
版次：2019 年 8 月第 1 版
印次：2019 年 8 月北京第 1 次印刷
发行：新华书店北京发行所
开本：880mm×1230mm 1/32
印张：2.75
字数：100 千字
定价：28.00 元

编写人员名单

顾　问：陈骏佳　安玉兴

主　编：杨俊贤　谭嘉娜　罗青文

副主编：罗剑飘　陈月桂　官锦燕　黄海英

　　　　谢江江　文明富　潘方胤　杨春强

参　编：陈剑斌　陈月云

作者单位：
　广东省科学院湛江研究院
　广东省生物工程研究所（广州甘蔗糖业研究所）
　广州甘蔗糖业研究所湛江甘蔗研究中心

前　言

　　牛樟树为我国台湾原生特有树种，牛樟木具有芳香气味，且香气持久不散，是制作家具及雕刻的高级用材。牛樟树还是昂贵真菌牛樟芝的原生寄主，野生牛樟芝仅生长在牛樟树上，与牛樟树的分布息息相关。因牛樟树富含多种有益成分，可加工成精油、化妆品等系列产品。

　　目前，野生牛樟树数量非常少，主要靠人工繁殖的方式进行种植。迄今为止，国内外对牛樟树的基础研究和应用研究极少，限制了牛樟树全产业链的发展。所以在未来20~30年，加快牛樟树种苗繁育与种植推广，既可解决牛樟芝培育原材料短缺的问题，又可开辟新的发展领域。开展牛樟树种植推广和产品开发，以加工业带动种植业，增加创收渠道；大力发展牛樟树产品加工业，提高附加值，可尽早推动牛樟芝产业链的发展，获得高效收益。

　　本书以台湾牛樟树为研究对象，在总结前人工作、梳理课题团队近年的研究成果、调研牛樟树种植推广和开发利用的基础上整理编

1

写。全书力求通过翔实的文字描述、图片说明、数据统计等展示近年来牛樟树研究与开发利用的技术进展，兼具学术性和通俗性。本书分为七章，第一章和第二章主要为牛樟树概述，以及生物学特性及资源分布，第三章和第四章主要介绍牛樟树种苗繁育及种植技术，第五章介绍国内外关于牛樟树遗传多样性及成分研究概况，第六章介绍了牛樟树的功效及加工利用，第七章主要介绍牛樟芝的成分、功能及其相关研究现状。

本书的编写得到广东省科学院"科技青年引导专项"——珍稀树种牛樟树快繁与牛樟芝培育关键技术熟化（项目编号：2019GDASYL—0105030）项目、广东省科学院湛江研究院科技创新资金的支持。在本书的撰写中还得到广东省科学院专家学者们给予的支持和协助，课题组工作人员也对本书的成稿提供了许多帮助。书中部分插图和内容参考了相关文献，在此一并表示衷心的感谢！

由于编者水平有限和时间仓促，加之牛樟树的研究利用不断发展，书稿虽经过反复修改，但疏漏和不当之处在所难免，恳请读者批评指正。

编　者

2019 年 8 月于湛江

目　录

1

第一章　牛樟树概述

　　牛樟树（*Cinnamomum kanehirae*）为樟科樟属，又名黑樟，为我国台湾本土特有常绿阔叶乔木。由于树形粗壮坚实，所以被称为牛樟，是一种珍贵的多功能树种，有着极大的开发价值和应用前景。牛樟树原分布于台湾海拔 200～2 000 米的亚热带与热带交界山区，属冠层优势树种，族群呈集落分布，是台湾阔叶混交林首选树种。

　　牛樟树树干通直，初生树叶颜色多变，是一种观赏价值较高的园林绿化树种。因其木材含有大量松油醇，具有特殊的香味，不易腐烂，材质细腻，纹理交错，也是家具、木雕的上好原料。部分牛樟树树头结瘤，其横断面呈不同形状，具装饰价值。牛樟树的根、茎、叶中均含有芳香油，具有特殊的芳香气味。此外，台湾牛樟树是牛樟芝（*Antrodia camphorata*）唯一的天然宿主，可用于栽培牛樟芝。牛樟芝具有抗癌、调节免疫、抗菌消炎等多种药理活性，为珍贵的药用真菌，被称为"药中之王""森林中的红宝石"，具有较高的研究价值和商业价值。

　　随着牛樟芝的商业价值逐渐被人们所认识，台湾牛樟树被肆意砍伐、掠夺，其野生资源也愈加变得稀有而珍贵。受自然生态破坏严重的影响，台湾牛樟树目前仅零星分布于交通不便的高海拔山区，且多为老龄树，结实量少，采种困难；又因其种子具休眠性、发芽率低，天然更新速度缓慢。其生物学特性使得种群自然更新困难，目前已濒临绝种。

　　随着人类生活水平的不断提高，对健康的需求逐渐增强。牛樟芝培育及深加工发展迅速，对牛樟树木材的需求越来越大。牛樟树的种质繁育在近十年来由台湾引进到大陆，在福建逐渐扩展开来，后延伸到广东。

　　牛樟树属虫媒花，其种子成熟前易被鸟类采食，难以获得足够的种子进行有性繁殖。从 20 世纪 80 年代开始，国内开展了牛樟树的繁育技术研究，迄今为止，这项研究已经取得显著的成效。牛樟树的繁殖至今仍以无性繁殖为主，牛樟树的扦插育苗技术已趋于成熟，组培快繁技术也获得了初步的成果。但至今仍然存在许多问题，一定程度上限制了牛樟树种苗的生产及推广应用。

第二章　牛樟树生物学特性及资源分布

一、台湾牛樟树与其他樟树

台湾位于热带与亚热带交界处，其中南部海拔高度 700～2 100 米为天然阔叶林带。其植物分布主要以樟科和壳斗科为主，植物生态学上称为樟栎群丛。樟科（Lauraceae）植物有 45 个属（周张德堂，2013），樟属（*Cinnamomum*）约 250 种，台湾樟树品系分为樟树、牛樟树、冇樟树 3 种，其中牛樟最具药用价值，其易与冇樟混淆，在实际应用中需要区分。

牛樟树与其他樟树分辨的方法：仅从叶片即可分辨。一般樟树叶片小；牛樟树叶片大，叶缘有波浪状，叶柄红色，最重要的是叶脉有凸出小点，牛樟树叶片正反面几乎是同一色，且叶背没有粉银（图 2-1）。而冇樟树苗与牛樟树苗的区别主要有以下几项：第一，气味不同，冇樟树木材精油以黄樟素（safrole）与十五烷醛（pantadecylaldehyde）为主，即所谓沙土味，而牛樟树木材

樟树　　　　牛樟树　　　　樟树　　　　牛樟树

图 2-1　樟树与牛樟树叶片正背面

5

精油以 α-松油醇为主，具有樟脑气味；第二，就木材材质而言，
冇樟树木材易腐烂，而牛樟树木材不易腐烂；第三，就种子外形
而言，牛樟树种子侧面呈僧帽状，冇樟树种子则呈椭圆状；牛樟
树果实长宽比值小于 1，冇樟树果实长宽比值则大于 1。此外，
牛樟树与冇樟树皆有较大的花托所形成的果托，樟树的果托比以
上二者则小了许多。

二、生物学特性

牛樟树为常绿阔叶大乔木，树干通直，高 14～30 米，胸径
25～65 厘米。叶互生，羽状脉，近革质或坚纸质，叶形为长圆形、
卵圆形或椭圆形。圆锥花序顶生，短促，基部被有少量微毛；花
芽顶生，呈倒卵形；花色为白色或紫红色，具芳香味。果托呈壶
状或倒圆锥形，果实呈僧帽状，成熟时为紫黑色。种子棕褐色，
卵圆形。牛樟树为中性偏喜光树种，喜湿润温暖的气候条件和湿
度大、肥力高的生存环境，耐湿不耐旱，抗寒性较差，容易受到
风雪的侵害（图 2-2 至图 2-5）。

图 2-2　牛樟树的花

图2-3　牛樟树的叶片

图2-4　牛樟树的果实

图2-5　湛江市遂溪县部分乡镇种植的牛樟树

牛樟树树体高大，采种困难；且牛樟树花多开于树冠顶端，易遭受风害；其种子香甜，略具辛辣味，易遭鸟兽食害，使牛樟树种子不易获取。高龄老树，母树间授粉困难，结实量少；种子发育周期长，质量差，空心现象严重，发芽率低（周张德堂，2013）；加之自然脱落的种子在林下光照不足，着床发芽困难等，使得牛樟树自然成苗难度大，破坏了牛樟树种群的自然更新（陈远征等，2006）。

该树种于 1913 年由 Hayata 在台湾发现（Icon. Pl. Formos.，台湾植物图谱），于 1961 收录于《台湾木本植物图志》，1982 年收录于《台湾植物名录》。目前，牛樟树被台湾列为一级保育类树种（周张德堂，2013）。

三、资源分布

（一）野生资源分布

台湾牛樟树与榉木、红豆杉、桧木、红桧木及肖楠并称台湾六大名木（顾懿仁等，1984），分布于台湾海拔 200～2 000 米的亚热带与热带交界山区（林赞标，1993；台湾植物志，1996），属冠层优势树种，种群呈集落分布（朱鹿萍，2006），是台湾阔叶混交林首选树种（刘一新，2010）。

但是由于过去大量过度采伐，现原生树只有在高山地区还有零星分布。在海拔 450～2 000 米的山区中，它的存活年限可高达 5 000 年，是维持生态平衡的重要树种之一。其分布可划分为 4 个区：第一区在桃园的角板山-插天山-锦屏-鹿场大山-南庄-洗水山-东势；第二区在水杜大山-大山-阿里山-竹山-奋起湖；第三区在九溪山-宝来-六龟-新威-雾台；第四区在玉里-清水-新港山-成广澳-

池上-鹿野-太麻里-达仁（林赞标，1993）。

　　台中近郊的雪山坑溪林地带，有一处规模最大且保存最完整的牛樟树群聚林区，目前该林区面积约670公顷，有507株野生牛樟树，树围最大的有315厘米，高度超过12米，树龄约500年。林区管理处一直严加保护，目前其林相仍维持原始状态。

（二）人工栽培分布

　　引种牛樟树对土壤肥力的影响研究表明，台湾牛樟树人工林不仅不会使引种区土壤肥力降低，反而在整体上使其土壤肥力高于造林前或与其他树种混交的林地（邢文婷等，2017）。目前，牛樟树人工林分布除我国台湾外，主要分布在东亚至大洋洲、南太平洋一带，我国大陆长江以南及越南、韩国、日本等地，并逐渐引入到许多国家和地区。

第三章　牛樟树种苗繁育技术

牛樟树的繁殖方式可分为有性繁殖和无性繁殖两种。①有性繁殖。在自然条件下，牛樟树以种子成苗较为困难。据资料显示，牛樟树的花属黏质虫媒花，母树间授粉困难，种子香甜，略有辛辣味，易受鸟虫食害，成熟种子获取困难。另外，牛樟树种子发育周期长，空心现象严重，发芽率低（周张德堂，2013）。这一系列的不利因素给牛樟树的有性繁殖带来困难。目前，关于牛樟树有性繁殖的相关研究报道较少。②无性繁殖。牛樟树的无性繁殖主要有组织培养和扦插繁殖两种。近10年来，研究学者们对牛樟树的无性繁殖进行了一系列的研究，并取得技术上的突破。目前，牛樟树的人工育苗已经实现批量生产，扦插繁殖是牛樟树育苗生产中最为常用的繁殖方法。

一、种子繁殖

牛樟树实生苗造林，生长快，播种半年后平均高达55～60厘米，成活率约90%；栽种1年平均苗高约1.2米，6年成林，但其种子难以取得。天然林牛樟树的种子空粒多，发芽率低于10%。种子具有休眠性（顾懿仁等，1984），饱满的种子采收后直接播种，发芽缓慢，且持续到翌年春天。

（一）预处理

牛樟树果实9～10月成熟，采后搓揉去除果肉，阴干（张晓明，2018）。

（二）种子萌发

（1）提高发芽温度，结合变温处理，6～8周即可发芽，但整个发芽过程需要持续24周。

（2）用 15％的过氧化氢（H_2O_2）处理，可使发芽率从 17.6％提高到 29.5％。

（3）将种子与湿水苔藓混合，密封 5 ℃储藏约 5 个月，再用 15％过氧化氢溶液浸泡 25～30 分钟，水冲洗干净后用清水浸种 1～2 小时后播种，发芽迅速，发芽率可达 75％～100％（饱满种子均可发芽）（杨正钏等，2009）。

（三）育苗

用沙质壤土作为基质，育苗期间施用适量氮磷钾复合肥，苗木生长迅速（陈舜英等，2012）。

二、嫁接繁殖

嫁接成功的影响因素很多，主要包括土壤水分、温度、湿度、光照、病虫害、砧穗生理状况、接穗含水量、不亲和性、嫁接季节、采穗时间及部位、嫁接方法与技术等。

（一）砧木栽植

牛樟树砧木栽植的环境应选择排水良好、土质疏松肥沃、光照充足、土壤湿润的地块。在进行砧木栽植前，应修剪植株的根系，将过长、受损和较粗的根系剪平，利于愈合。采用地膜包裹植株树干及较粗的枝条，利于保温保湿。在栽植过程中，用表层疏松的土壤掩埋根部，边填土边踩实，使根部与土壤紧密结合。栽植后，浇足一次定根水，最后在树干基部培土，覆盖稻草以保温保湿。定植当年，应遵循少疏剪多留枝原则，强化水肥管理，促使砧木生长茂盛，增强光合作用，提高其光能利用率。

（二）接穗的选取

在进行穗条选取时，应选择无病虫害、长势旺盛，且位于母株树冠上部芽体长势饱满的枝条。在春季进行嫁接时，最好选择中下段枝条。在秋季进行嫁接时，只需要将枝条幼嫩部分去除即可。同时，要求接穗随采随接，接穗枝条在嫁接时应立即除去叶片，放入清水中备用，以防失水。

（三）嫁接时间的选择

在砧木定植完成后，即可在当年的 3 月上旬进行嫁接处理。根据实际情况，采用枝接或带木质部的芽接；或者在秋季的上中旬进行芽接（秋季嫁接优于夏季）。

（四）嫁接方法

1. 嫁接砧木种类及处理

采用 1～2 年生树苗，作为砧木，在其茎干 5～20 厘米处（地面往上算起）剪断为嫁接处，保留砧木切口下的叶子，除去茎干上所有侧梢。

2. 嫁接接穗处理

取健康的牛樟树侧枝，接穗长度为 5 厘米，带有 2～3 片叶，并将每片叶子剪半。

3. 嫁接技术处理

嫁接后采用石蜡将切口与接穗缠紧，同时套上塑料袋，在塑料袋外再包上一层报纸。在嫁接苗管理过程中，要做到以下几点：

（1）**及时除萌**　由于砧木在生长过程中会萌发出小芽，因而在苗木嫁接成活后，要及时将砧木上的萌芽全部摘除，促进嫁接

苗新梢生长，新芽萌发。

（2）**及时补接** 在嫁接过程中未嫁接成活的，选择适当的时间及时补接。

（3）**及时剪砧** 在早春进行芽接的，在嫁接时或在嫁接成活后应该进行适时的剪砧，刺激嫁接芽的萌发。如果是在夏秋季节进行芽接的，可到翌年春天进行剪砧处理，利于嫁接苗越冬。若采用枝接方法嫁接的，如切接、插皮接，则应在嫁接时进行剪砧处理；如采用切腹接、插皮腹接方法进行嫁接的，嫁接当时可不剪砧，待嫁接苗成活后再剪即可。

（4）**合理松绑** 待已嫁接成活一段时间后，应对嫁接苗上的塑料薄膜带进行松绑处理，以免阻碍接穗的正常生长，但要松而不弃，避免损伤。嫁接过后观察其牛樟树嫁接苗成活情况，若观察发现有抽梢接穗，则及时将外层报纸除去，并将塑料袋的两角剪一个小洞。当接芽与砧木完全愈合后，发现接穗叶子长大至塑料袋顶部时，方可把塑料袋除去。

4. 嫁接方法

牛樟树嫁接方法有切接法、割接法、镶皮嫁接法、腹接法和镶合腹接法。

（1）**切接法** 用普通樟树嫁接牛樟树，适合采用切接法（杨旻宪等，2007）（图3-1），但会出现嫁接不亲和现象（苏碧华，2003）。

图3-1 切接法

（2）割接法 见图3-2。

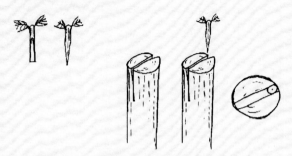

图3-2 割接法

（3）镶皮嫁接法 见图3-3。

图3-3 镶皮嫁接法

（4）腹接法 见图3-4。

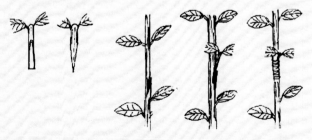

图3-4 腹接法

（5）镶合腹接法　见图 3-5。

图 3-5　镶合腹接法

三、扦插繁殖

扦插是牛樟树的主要繁殖方式之一。影响牛樟树扦插成活的因素主要有内因和外因两种。内因主要有插条类型、插条营养状况、获取插穗的母株年龄、插条根系类型和插条所占有的叶片面积等；外因主要有生根素类型与浓度、温湿度、光照时间、光照强度、扦插基质类型等。例如，牛樟树扦插成活率受穗条来源影响。天然牛樟树母株枝条的扦插生根率小于5%（Wei L Z，1974）。而通过修剪、截干促萌等方法获得枝条和无性苗幼树枝条，发根率和苗木质量显著提高（黄松根，1991；高毓斌，1993）。短期内通过扦插满足造林需求，必须解决幼龄化枝条生产的问题。因此，以母树截干萌蘖枝条或由萌蘖建立的采穗围枝条为插穗，结合间歇式喷雾系统可获得较高的生根率（Kao Y P et al.，1993；黄松根，1997）。另外，牛樟树的扦插发根率还受季节、截干高度、采穗母株栽植密度等影响（高毓斌等，1993；黄松根等，1997；林鸿忠等，1996）。牛樟树不耐强光，最适相对光量为 10%～35%（郭耀纶等，2004）。此外，合理使用植物生长调节剂有助于牛樟树生根。

（一）扦插场所的选择和设施条件

扦插场所应选择地势平坦、排水顺畅、水源干净充足的地方。扦插场所需搭建可活动的遮阳网，遮阳网离地面至少 2.5 米以上，一般采用双层遮光率为 70% 的遮阳网搭建，两层遮阳网间隔 0.5 米。在四周还需搭建一层遮光率为 50% 遮阳网。

（二）采穗圃建立

1. 圃地选择

牛樟树采穗圃选择排水良好、土层深厚、含石率低、腐殖质丰富的阳坡山地，且交通便利，方便采穗，随采随用。

2. 整地挖坑

按整地要求对圃地进行精耕细作，开挖种植沟深度为 0.3～0.4 米，坑大小为 0.4 米×0.4 米×0.4 米。

3. 种植

采穗植株应培养庞大的树冠以满足生产对插穗的需求。种植株距为 3.0 米×3.0 米。种植穴底先放入 5 千克基肥，然后填入 10 厘米原土作为隔离层，再放入植株，之后填土至地面。

4. 植株管理

当植株长至 2.0 米时应对采穗母株进行截干，通过截干促使牛樟树从树干基部萌发更多侧枝。采穗母株的栽培管理具体操作参照 DB 36/T 756—2013。

（三）基质准备

1. 基质选择

基质宜选择具有良好的持水力、透气性和取材方便经济的材

料，如河沙。也可以混合其他基质使用，比如红泥、椰糠、蛭石等。混合的原则是使基质具有良好通气性和渗水性，利于根系生长。

2. 基质消毒

基质使用前需进行全方位杀菌消毒处理。可选择太阳暴晒、喷洒多菌灵 600 倍液或甲基托布津 800 倍液进行杀菌消毒。

3. 基质填充

根据选择的穴盘育苗方式，将经消毒杀菌后的基质装入穴盘中，填满并压实。

（四）插床准备

苗床铺设以方便操作为宜，苗床搭建拱形支架，用塑料薄膜覆盖保温保湿。夏季高温季节覆盖薄膜需留有孔隙，避免高温高湿环境引起插穗基部变黑腐烂。

1. 苗床扦插

苗床上部铺设厚的扦插基质（红土、河沙、泥炭土、椰糠、珍珠岩等），扦插前 5 天用高锰酸钾溶液对基质和苗床喷淋消毒并加盖薄膜，3 天后打开薄膜，翻动基质。扦插前 1 天平整苗床，淋透水。

2. 穴盘扦插

扦插前 1 周用高锰酸钾进行基质盖膜消毒，若有太阳，则消毒后在高温下再暴晒，扦插前将其装入穴盘，浇湿备用。

（五）扦插时间

在广东湛江地区，牛樟树扦插最适宜的季节是春季，冬季和秋季次之，夏季炎热导致扦插成活率较低。

（六）插穗选择及处理

1. 插穗选择和剪取、预处理

选取树干基部当年萌发的无病虫害、有一定程度木质化的健康枝条，优先选择表皮微红色的枝条。

采穗时间宜为清晨，阴天，有风，剪取粗壮的半木质化、节间较为均匀的枝条，每枝需有2～3个腋芽芽点并保留1～2片叶，直径0.5～0.9厘米，长度10～15厘米，每片叶子留有1/3的叶面积，其余侧枝和叶片去掉，以减少蒸腾。茎端剪斜切面45°或平切。

取穗后插条先要全部放入水中浸泡，以保持插条新鲜度。待插条全部取完，立即浸入装有多菌灵或一定比例的杀菌剂的桶内，以保持穗条新鲜并防止切口感染病菌。再将其移至扦插室处理。穗条务必在当日完成扦插。

2. 插穗的药剂处理

用2 000毫克/升 IBA 处理带顶芽侧枝 1 秒，发根率＞87%（郑蓉等，2007）。外源 IBA 通过刺激 CKPX3 中生长素反应，提高过氧化氢酶活性，从而促进牛樟树插穗生根（Hsin-Yi CHO et al.，2011）。用 0.5 毫克/千克的 IAA 与 0.2 毫克/千克的 6－BA 处理牛樟树插穗，成活率达83.5%（余小琴，2017）。800 毫克/千克6号ABT 生根剂可将成活率提高到80.6%（曾群生，2011）。

将剪切好的插穗 50 支为一捆绑扎好，先用 800 倍液甲基托布津浸泡 30 分钟，再用 100 毫克/升 1 号 ABT 生根剂浸泡 30 分钟或自主调配生根剂，浸泡没过切口 3 厘米左右。蘸完生根剂后直接插入消毒后的基质中。

3. 扦插方式

将处理好的插穗插入穴盘中，使得叶面朝向同一方向，使叶片受水量均匀,每孔穴插 1 支,扦插深度 2～3 厘米。扦插前基质要先用喷雾器喷湿透,湿度以基质不积水为宜,避免基质太干从而摩擦损伤插穗基部切口处。

(七)扦插后管理

1. 光照控制

扦插后需遮阳,利用散射光补光,根据光照强度通过遮阳网进行调节,避免阳光直射。

2. 湿度管理

插后通常保持相对湿度为 95% 以上(可使用加湿器或者喷雾设施),扦插后覆盖薄膜保湿,随时观察扦插拱棚内湿度变化,观察薄膜内侧水珠情况,做好湿度监测工作。每天浇水次数根据天气情况而定。浇水以叶片湿润为宜,基质含水量保持在 50%～60%,忌积水。

3. 温度管理

插后覆盖薄膜,夏季高温季节,应注意揭膜透气,晚上应打开薄膜两侧透气降温。温度保持在 20～30 ℃,并在其上方 2 米处加双层遮阳网控制光照强度,保持叶片上有雾珠,降低光合作用和新陈代谢速率。为保持插穗新鲜及为愈合发根提供营养,根据温湿度具体情况进行适当的通风和喷水,通过覆盖或揭开薄膜控制薄膜内部温度。后期根据气候变化及插穗愈合程度适当调整温室内温湿度。若发现有脱落或发生病害的叶片应立即移除,以防止病菌传染。

4. 病虫害防治

插后重点是做好病虫害的防治工作。扦插当天用杀菌剂溶液浇湿基质,插后每周进行一次杀菌。可选用 500～1 000 倍多菌灵、百菌清、甲基托布津等进行杀菌。

（八）移栽及管理

1. 移栽容器

扦插枝条生根后就可以进行移栽，为了方便以后牛樟树苗出圃，扦插苗移栽可以选择 18 厘米×20 厘米的无纺布袋或黑色营养钵。

2. 基质选择

移栽基质选择取材方便、经济且具有良好保水性的材料，如黄泥、田园土、腐叶土等。

3. 起苗定植

插穗生根后，根数量达到5～6条时移栽最好，移栽过程避免根系折断，移栽后浇透定根水。移植最好选择在阴天进行，移植后遮阳1周。

4. 人工除草

移栽后，按照"除早、除小、除了"的原则及时清除杂草，确保苗木的健康生长。

5. 肥水管理

小苗移栽后，要做好浇水工作。根据天气情况，夏季高温季节每天早晚浇水 1 次，直至苗木移栽成活，之后可以根据天气情况和土壤干湿度适当浇水。苗木成活后每月喷施 1～2 次 1%～2% 的水溶复合肥。

6. 有害生物防治

牛樟树的有害生物主要是虫害，常见虫害有樟巢螟、红蜘蛛、粉虱等，一般常用药和施用方法可参照 GB/T 8321（所有部分）。

（九）苗木出圃

1. 出苗时间

苗木生长至 50 厘米左右，即可移栽至大田种植。移栽应选择春季多雨季节进行（图 3-6）。

扦插初期   扦插成活

扦插后 40~50 天   扦插后 50~60 天

移栽后 2~3 周   移栽后 3~4 个月

图 3-6 牛樟树扦插繁殖过程

2. 苗木检疫

按 GB 15569—2009 的规定执行。

3. 苗木起苗与运输

苗木起苗装车过程中应轻拿轻放，切忌松动育苗袋里的土壤，以免损伤根系。如有根系穿出育苗袋外，使用镰刀切断根系，切勿用力猛拽，以免造成泥团松散。苗木装车时堆码层数不能过多，装好的苗木应及时运输。

4. 扦插繁殖优缺点

扦插繁殖具有以下优缺点。

（1）优点

① 育苗周期短，易大量繁殖；

② 枝条采集方便，材料丰富；

③ 能保持母本特性，变异率小；

④ 投入小，产出高。

（2）缺点

① 管理要求严格。需要专人精心管理养护，要保持温度、湿度和透气性之间的平衡。

② 受季节限制。最适宜温度在 20～30 ℃，在高温、低温季节成活率均较低。

1990 年起，台湾地区主要采用牛樟树扦插苗造林。扦插苗造林 5 年后，成活率普遍偏低，平均成活率仅为 55%（高毓斌等，1999）。牛樟-香杉混合造林 7 年后成活率 43.8%（邱志明等，2010）。综合现有研究报道，牛樟树扦插苗造林存在以下问题：幼化穗条扦插苗造林初期多呈匍匐状且生长停滞，抚育管理难；扦插苗造林成活不佳；长至 15 年以上的扦插树每年持续死亡，可能与根系不健全和树体本身老化有关（张乃航等，2012）。不同种源的牛樟树扦插苗，其造林成活率、胸径、树高和分叉率差异极显著，这些性状受到遗传因子和环境的不同程度的影响（邱志明等，2012）。因此，用牛樟树扦插苗造林，不仅要注重优良品系的选择，还应重视其抚育管理。

四、高空压条繁殖

高空压条法是我国繁育花木果树最古老的方法之一，已经有3 000年的历史。高空压条繁殖是无性繁殖很常见的一种繁殖手段，具有成活率高、植株不变异等优点，被广泛使用，对于一些比较难繁殖的树种是一种很好的繁育手段。对于不同的植物、树木品种，高压繁殖的成活时间也是不相同的，尤其是一些比较难成活的树种，时间要长一些，而对于一些松柏之类难以生根的树种，时间则需要更长。高空压条法也成为一种技术含量低、很容易上手的大众繁育手段。

高空压条繁殖是指通过环剥枝条的皮层，环剥区经处理后包裹基质，使之长根，长根后剪切下来栽植成为新植株的方法（图3-7）。

步骤一：枝条选取。选取的枝条，可以是修剪掉的多余枝条部分，也可以是适合做盆景的曲折枝条。

步骤二：环剥。在枝条下用锋利小刀环状刻皮，然后环剥掉树皮，宽度在1～2厘米。

步骤三：营养基质包裹。将备好的培养物质包裹在环剥部位，要与压条按实。压条所用的苔藓或培养土必须疏松、湿润而富含有机质，能够保证成活生根。

步骤四：包膜。外面用黑色塑料薄膜缠好，尽量做到不漏水、

图3-7 牛樟树压条实例

不露土。

　　试验表明，高空压条法用于牛樟树的快速育苗具有实用性和可操作性，该方法具有以下优缺点。

　　（1）优点

　　① 可以直接繁殖较粗的枝条，生根率高达 100％。保险系数高，即使没有成功发根，枝条也不会死亡。

　　② 操作简单，管理粗放。从包裹到发根这一过程无须特别管理，大大节省人力和物力。

　　③ 粗细枝条均可采用，对于粗长枝条，生根移栽成活后，即可成为一棵大树苗，这大大缩短了其从小苗长成大苗所花费的时间，从而降低育苗成本，提高经济效益。

　　④ 育苗时间短、速度快。从环剥包扎开始到生根，气温在20～35 ℃仅需20～30天，气温低于18 ℃需要2～3个月，牛樟树一

25

年四季均可采用高空压条法。

（2）缺点

① 所需材料较多，大规模生产难以为继。

② 沿海地区易受大风及台风影响，易风折。

五、离体快繁技术

目前，牛樟树组培主要有两种途径：一种是以茎段为材料的不定芽再生途径（周张德堂，2013；刘荣忠，2012；官锦燕等，2016；辛亚龙等，2017）。牛樟树不定芽诱导和增殖最佳基本培养基有改良 ML（刘荣忠，2012）、WPM（周张德堂，2013）和 MS（官锦燕等，2016；辛亚龙等，2017）。但在上述研究结果中，继代材料的增殖率与生长情况都不是很理想，尤其是褐化、玻璃化、成株率低、移栽成活率较低等问题未得到根本解决。另一种途径为采用未成熟种子或实生苗幼叶为材料的体细胞胚胎再生途径。先后筛选出体胚途径最佳基本培养基为 WPM（张淑华等，2002），并用 PVP 减轻褐化；进一步优选了牛樟树种子胚快繁培养基（林新春等，2009）；成功建立了苗幼叶体胚再生体系（Ying-Chun Chen et al.，2009）和牛樟树未成熟胚的体胚胎再生体系（Shu-Hwa Chang et al.，2015）。虽然体胚途径效率较不定芽途径效率高，但其胚胎成苗率低，且种子变异大，培育出来的苗木分化大。

在上述基础上，进一步优化了以牛樟树茎尖和茎段为材料的不定芽再生技术途径，形成完整的牛樟树离体快繁技术体系。

（一）材料预处理

减少材料的初始带菌量是降低组培污染率的最有效措施。为此，必须通过有效方法减少外植体的初始带菌量。对于牛樟树这种木本材料，由于母本树在大田种植，受天气和周边环境影响，其自身带菌量很多。务必提前对采集部位进行杀菌和保育预处理。

预备采集材料的母本树，提前一个月进行预处理。具体方法如下：

（1）用 1 000 倍多菌灵和甲基托布津交替喷施母本树，每周1 次。

（2）采集枝条置于无菌水中培养 1 周。

（二）离体培养材料的采集和储藏

1. 取材季节

取材季节对芽的诱导有较明显影响。春季和初夏的出芽率均明显高于秋冬季节，污染率和褐化率明显低于秋冬季节，出芽时间也明显较短。春季刚抽出新枝条，没有吸附太多的杂菌且新陈代谢旺盛，最适合取材；高温的夏季使牛樟树生长旺盛，能够迅速抽出大量侧枝，杂菌较少，也是取材的较好季节。秋冬季节牛樟树枝条和叶片逐渐成熟，有些芽点已处于半休眠状态，且吸附较多杂菌，该季节采集的材料即使接种前期出芽不污染，但 1~2 周后仍有大量内生细菌和霉菌逐渐长出，因此枝条自身携带有内源菌的概率高，不适合外植体的采集。

2. 取材部位

取材的部位与植株再生有关。营养繁殖取树木枝、干、皮层的一部分，腋芽或顶芽，子叶或胚轴为材料。牛樟树的组织培养最适宜材料为枝条上的腋芽或顶芽。

3. 材料储藏

材料最好随采随用，如需运输，要注意保湿、通气和保持适

当温度。如储藏，应置于适宜的低温下保鲜。

（三）材料处理方法

采集健康母树中当年生的腋芽饱满且未萌发的幼嫩侧枝，除去叶片并保留 1～2 厘米的叶柄，切成 4～6 厘米长的茎段，先用洗衣粉水浸泡 30 分钟，再用自来水流水冲洗 30 分钟。

（四）外植体消毒

可采用以下 3 种方法进行消毒：①75% 酒精浸泡 30 秒后再用 2% 次氯酸钙消毒 5～15 分钟；②75% 酒精浸泡 30 秒后再用 0.1% 氯化汞消毒 5～15 分钟；③先用 0.1% 甲基托布津浸泡 10 分钟，75% 酒精浸泡 30 秒后再用 0.1% 升汞消毒 5～15 分钟。消毒处理完后均采用无菌水冲洗 4～6 次。两端及叶柄各切去 1 厘米，并切成带 1～2 个腋芽的茎段，接种于芽诱导培养基上。不同季节采集的牛樟树茎段，应选用相应的消毒方法进行外植体消毒。

（五）培养基的组分及制备

培养基中包含组织和细胞生长所需要的营养物质，主要有大量元素、微量元素、有机成分和维生素等，不同基本培养基类型对每种植物的器官发生有着明显的差异。目前常用基本培养基有 MS（Muras-hige & Skoog，1962）、LS（Linsmaier & Sk-009，1965）、米勒（Miller，1963）、H（Bour-gin & Nitseh，1967）、T（Bourgin & Nits-eh，1967）、改良怀特（White，1963）、B（Gamborg et al.，1968）、尼许（Nitseh，1951）等。牛樟树经过基本培养基的筛选试验证明，MS 培养基为最佳基本培养基。

根据需要，在基本培养基中附加不同的生长素、激动素等。

根据器官发生的不同阶段所需培养基的配方，可分为芽诱导培养基、分化（增殖）培养基和生根培养基等。

（六）茎尖茎段离体繁殖技术体系及其影响因素

关于牛樟树无性系离体繁殖技术，已有非常细致且成功的研究结论（官锦燕等，2016）。牛樟树芽苗的繁殖步骤通常分为5个阶段：即无菌培养物的建立阶段、芽继代增殖阶段、生根成苗阶段、移栽成活阶段、驯化管理阶段。由于木本植物离体繁殖较难，每个阶段都有其各自的一些特殊要求，通过调整培养条件（光照、温度）、培养基组分完成离体培养全过程。

1. 无菌培养物的建立阶段

外植体消毒完毕，在无菌条件下，用解剖刀将牛樟树的幼嫩茎段切下，接种于预先备好的芽诱导培养基中进行培养。接入的外植体大小要适宜，其组织块要达到2万个细胞（为5～10毫克鲜重）以上，更容易成活（林顺权等，2003）。5～7天后，外植体开始萌动，芽萌发后继续培养20天左右。该过程密切注意芽的生长情况。

植物种类不同，外植体的类型不同，其诱导分生组织的培养基配方也不同。在各个阶段培养中，培养基中生长素与细胞分裂素变化幅度较大，一般较高的生长素/细胞分裂素比值有利于外植体分生组织的诱导。该阶段为细胞依赖培养基中有机物等进行的异养生长，原则上可以不需要光照。

牛樟树外植体在该阶段时有褐变现象。外植体切口处的酚类物质氧化使得培养基褐化，对植物材料有毒害作用，这是木本植物组培繁殖一个普遍的问题。褐变的影响因素有很多，如品种的基因型、部位的大小、取材时间等，对于这些影响褐变的因素，可以采取一些措施进行控制，如外植体选择幼嫩的组织，控制培养湿度和光照强度，培养基中添加维生素 C 等抗氧化剂，添加活性炭吸附剂，降低无机盐浓度等。

由于外植体在培养基中易发生愈伤组织，一定程度上会抑制芽的生长，应尽量避免。

2. 芽继代增殖阶段

外植体（牛樟树茎尖或茎段）经过无菌培养物的建立阶段的诱导后，长出的不定芽为增殖体。将其转入到增殖培养基中，每隔一定时间（3~4 周）重新转接一次，即继代增殖。通过重复继代培养，分化产生新的植株，以获得更多的繁殖体。这一阶段是离体繁殖最关键的时期，期间的污染控制和质量管理是降低成本的关键节点。同时，该阶段的培养代数是根据种苗所需要的量来决定的，要控制在一定的增殖代数内，以避免植株产生变异。培养基、培养条件和微生物污染是该阶段的主要影响因素。

（1）**增殖培养基**　培养基成分中对增殖影响最大的是总盐浓度和植物生长调节剂种类和配比。牛樟树适宜的基本培养基类型为高盐型培养基 MS。

① 确定细胞分裂素。目前常用于离体快繁的细胞分裂素种类有 6-苄基腺嘌呤（6-BA）、激动素（KT）、玉米素（Zeatin）和棉花脱叶剂（TDZ）等。6-苄基腺嘌呤（6-BA）效果较为稳定且价格低廉，在实际生产中应用最为广泛。因此在牛樟树的芽诱导和增殖过程中，经过试验研究确定了细胞分裂素种类为 6-苄基腺嘌呤（6-BA）。

② 确定生长素。目前，生产中常用于快繁的生长素种类有 IBA、IAA、NAA。通常使用 IBA 和 NAA，IAA 见光容易分解，性质不稳定。牛樟树适宜的生长素为 IBA。

③ 确定细胞分裂素和生长素的最佳组合。通过不同梯度水平试验，最终确定牛樟树增殖阶段的培养基配方。

（2）**培养条件** 培养条件主要包括光照和温度。虽然牛樟树自身为绿色，但在初期并不依靠光合作用来制造自身生长所需的营养，而是直接从培养基中吸收它们所需的营养。因此，光照的作用主要是参与离体培养物的形态形成，1 000～1 500 勒克斯的光照度比较适中，相对诱导和增殖阶段，弱光照比强光照效果好。光照时间一般为 12～16 小时为宜。

培养室的理想温度通常保持在（25 ± 2）℃，如果温度过高（超过 35 ℃）或过低（低于 15 ℃），则会对培养材料造成伤害。

（3）**微生物污染** 在大规模生产中，污染率应控制在 5% 以下。在繁殖过程中务必保证环境清洁、培养基或接种用具消毒彻底，操作谨慎，每个环节均须严格控制。

（4）**试管苗的玻璃化** 牛樟树离休繁殖过程中容易出现玻璃化现象。在形态解剖上玻璃苗表现为半透明状，茎尖顶端分生细胞较小，叶表面缺少角质化蜡质，没有功能性气孔，不具有栅栏组织，仅有海绵组织；茎叶的细胞体积大；液泡化程度高；肥质稀薄；细胞核变小；细胞没有明显长轴。在生理化特征上：细胞过度含水；还原糖、蔗糖及 K^+、Ca^{2+} 和 Cl^- 离子浓度高；木质素、叶绿素、蛋白质、肌醇和 Cu^{2+} 等的浓度明显较低。由于组织畸形，吸收养分与光合器官的功能缺失，分化能力也下降了很多，所以继续培养时较为困难，也很难移栽成活。众多研究表明，影响玻璃化发生的因素有材料的差异、激素浓度、琼脂浓度、环境湿度等。对于培养材料玻璃化有一定效果的措施有：①控制光照时间为10～12 小时；②将琼脂的浓度控制在 0.8%，并在事先除去杂质；③提高培养容器中的相对湿度，并用透气的封口膜进行封口；

④适当降低激素浓度，将培养基中的激素比例调配得当。

3. 生根成苗阶段

植株的生根阶段是由异养状态到自养状态的过程。待增殖芽数量较多时，将高2～3厘米、带有2～3片叶的小芽切下转入生根培养基上进行生根培养。培养30天左右，基部开始出现2～3条约1厘米长的白色根，随后逐渐伸长，生根率达到100%。生根的做法是切取单个牛樟树芽苗放入生根培养基中，3～4周即可生根。影响生根的因素除培养基的基本成分外，其他附加物（活性炭）对牛樟树芽苗的生根有促进作用。该阶段较强的光照对生根有利。生根不宜过长，防止移栽时容易折断，从而降低成苗率（图3-8）。

图3-8 牛樟树植株再生体系几个连续阶段的培养情况

a. 外植体培养4周后诱导的芽 b. 芽在增殖培养基上培养5周后分化的丛生芽 c. 丛生芽在增殖培养基上培养12周后增殖的丛芽 d. 壮苗培养4周后的植株 e. 植株在生根培养基培养4周后的生根苗 f. 生根苗在泥炭土：沙子：珍珠岩＝1：1：1的基质中移栽5周后的成活植株

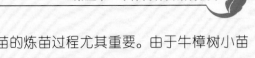

此外，牛樟树组培苗的炼苗过程尤其重要。由于牛樟树小苗叶片容易快速失水而干枯。因此需要逐渐加强光照，在移栽前2周进行炼苗。

4. 移栽成活阶段

试管苗从无菌的、弱光照的、温度相对恒定和湿度饱和的培养条件下移到自然条件下，这是一个剧烈的变化过程。尤其牛樟树试管苗移栽较难成活，其从培养基中移栽到土壤中，能否成活是决定离体繁殖能否在生产实际中应用的最后一关。

影响试管苗移栽的生理原因主要包括：一是根无根毛，吸收功能差；二是叶片表面无保护组织，叶肉细胞稀疏，极易失水枯萎；三是叶表面气孔过度开放不能关闭。因此，在移栽时一定要控制好温度，逐渐降低湿度和增加光照，使得试管苗逐渐适应条件变化。

（1）**炼苗** 炼苗种植小苗日均气温在 15～28 ℃ 为宜，气温过低或过高均不宜出瓶种植。通常情况下，除 1、2 月以及最热的 7、8 月外，其余月份均可种植，最好炼苗出瓶时间为 3～5 月。驯化前将瓶苗移至炼苗房进行 2～3 周的炼苗，让瓶苗从关闭稳定的环境向开放变化的环境过渡，缓缓适应天然环境。等瓶苗生长健壮，叶色浓绿时出瓶种植，出瓶苗要求是增殖代数在 12 代以内。苗长 3 厘米以上，茎粗 0.1 厘米以上，茎有 3～4 个节间，长有 4～6 片叶，叶开展，叶色嫩绿或翠绿，根长 3 厘米以上，有 3～5 条根，根皮色中带绿，无畸形，无变异。

（2）**出瓶** 在洗苗时将培养基与小苗一起取出，整洁放置于盆中，污染苗和裸根苗或少根苗分开放置。正常组培苗先用自来水洗净培养基，特别是洗掉琼脂，免得琼脂发霉引起烂根；再换自来水清洗一次，最好一边洗一边对小苗进行分级，这样驯化时针对不同级别的苗采用不同的管理办法，以便提高成活率和培养出整齐一致的种苗。对裸根或少根组培苗经过上述清洗后，需将小苗根部置于生根剂中浸泡 15 分钟以进行生根诱导，污染苗清洗后，用杀菌剂浸泡 2 分钟再进行种植。

（3）**基质**　移栽所用的基质最好就地取材，选择适合生长的基质。一般采用人工调配的混合营养土，通常用泥炭土、蛭石、椰糠、河沙等按照不同比例混合而成。要求基质以蓬松透气、排水良好且能保肥、不易发霉、无病无虫为宜。基质在使用前应喷施杀菌剂。

（4）**移栽**　将处理好的生根小苗移栽至消过毒的栽培基质中，轻轻将芽苗周边基质压实，浇透定根水，用多菌灵 1 000 倍液喷施，每周进行 1 次杀菌剂的喷洒。并用薄膜覆盖，喷雾保持湿度。约 1 个月后，苗茎秆和叶片变浓绿，植株变粗壮，根系愈加发达，移栽成活率高。在牛樟树组培苗室外培育过程中应随时注意基质及环境的温湿度情况变化，搭盖遮阳网进行遮阳（图 3-9）。

图 3-9　牛樟树离体繁育技术团队实地研究

5. 驯化管理阶段

（1）温度管理　　人工驯化牛樟树组培苗，要注意冬暖夏凉。组培苗生长合适温度为 16～30 ℃，夏季温度高时大棚内必须通风散热，并常喷雾来降温保温；冬季气温低时要求大棚内四处密封好，以防冻伤苗。

（2）湿度管理　　刚移栽的组培苗对水分极敏感，对基质水分的管理原则是"宁少够"，以保障基质含水量在 60%～70% 为宜。简单的判定方法为手抓基质使劲挤，挤不出水滴即可。基质喷雾过多则积水烂根，高温高湿容易引发软腐病大规模发生；缺水则生长迟缓，干涸则成活率低。移栽后 1 周内（幼苗尚未发新根）空气湿度保持在 90% 左右，1 周后（植株开始发根）空气湿度保持在 70%～80%。基质干湿交替有利发根发芽。

（3）肥水管理　　大棚驯化期间的施肥以叶面肥为主，持续供应植株充分的营养，以利早发根，长新芽，叶面肥可以挑选硝酸钾、磷酸二氢钾、腐殖酸类叶面肥、进口复合肥、稀释的 MS 培养基或一些专用肥（如花多多系列）等。一般移栽后 10 天，植株新根发生后开始喷施 0.1% 的叶面肥如硝酸钾或磷酸二氢钾，7～10天喷 1 次，连续 3 次；长出新芽后每隔 10～15 天喷 0.3% 复合肥等。一般情形下施肥后 2 天开始浇水，若空气对流太大，则视基质干湿度适当喷雾补水。

（4）病虫害防治　　以预防为主。选用不同种、不同类农药品种进行交替使用，防止长期应用单一农药种类，以延缓病虫害抗药性的产生。严格控制用药量和用药时间，尽量减少农药使用。

（七）牛樟树试管苗工厂化生产需要估算的因素

试管育苗需要一定的设备、成熟的离体繁殖技术和足够的市场空间。要想牛樟树这种离体繁殖技术要求高的树种能够有效转化产生经济价值，必须综合估量相关影响因素（林顺权等，1996）。

　　试管育苗涉及的技术因素很多，其中最重要的包括增殖率和生根率、污染率、继代周期、继代次数、变异率、培养基配方，以及环境条件的优化控制；其他因素还有劳动力因素、基础设施因素和投资规模等。

第四章　牛樟树种植技术

一、种植地选择

（一）种植地选择

牛樟树喜欢温暖湿润的气候条件，对土壤性质要求不高，宜选择交通便利、地势平坦、排水良好、土壤深厚、腐殖质丰富及含碎石瓦砾等杂物少的阳坡山地。忌黏性土、易积水、排水不良的土壤，如遇土质较差的土壤要增施有机肥进行土壤改良。

（二）整地

对种植地进行精耕细作，深翻整平，清除杂物。挖坑大小为0.6米×0.6米×0.6米或根据移栽苗木土球大小，关键要保证坑穴空间足够大，穴内干净无杂物。

二、定植

牛樟树的种植密度可根据种植时间长短来确定，高密度种植为行距×株距＝1.5米×1.5米。如果植林时间较长或套种其他作物，牛樟树种植密度为行距×株距＝3米×3米。种植穴底先放入5千克基肥，然后填入10厘米原土作为隔离层，再放入植株，之后用原土填至与地面持平。

三、田间管理

（一）中耕除草

中耕结合除草和追肥进行，在干旱时不除草也要中耕。中耕的目的是疏松土壤，改善土壤通气条件，减少土壤水分蒸发，促进植株根系生长，中耕也被称为"无水的灌溉"。中耕除草的深度以不影响植株根系生长为度。

苗圃除草有人工除草和化学除草两种方法。人工除草效率低、成本高，需要的劳力多，劳力紧缺时，不能及时完成，影响苗木生长。化学除草具有高效、及时和经济的特点，但要根据杂草类型，选择合适的除草剂，并且在施用过程中确保苗木绝对安全。

（二）浇水

牛樟树苗栽种好后要立即灌水定根，之后根据天气情况，结合土壤湿度进行浇水。种植时间最好选择春季等多雨季节。

（三）施肥

种植之前施足基肥，待移栽苗定植成活，可进行追肥。可采用环状沟、条状沟和土面撒施等方法，最好能选择挖沟施肥，在树冠滴水线处相对两侧轮换位置挖沟施肥。每年至少追肥 2 次，肥料宜选择农家肥＋复合肥。

（四）修剪

一般樟科植物萌芽性强，造林初期主干分叉多（藤森隆郎，1984；Nyland，2002），密植或早期修剪是培育大径无节牛樟树的必要育林措施（Han-Ming Yu et al.，2008）。

四、病虫害防治

（一）病害

国际上至今未见有关牛樟树的任何病害方面的研究报道。

由于过去牛樟树一直生长在天然林中，并没有经过人工造林，其病害未受到关注。自牛樟树扦插苗的人工培育技术发展起来后，牛樟树人工林逐渐拓展，病害问题逐渐出现。在病害调查中发现，种苗病害主要集中在对扦插苗的危害。迄今为止，在牛樟树扦插苗上发现4种真菌性病害，即黑腐病、根腐病、叶枯病和褐根腐病；在较大的苗木和栽培在林地上的牛樟树上主要发现炭疽病和褐根腐病；天然牛樟树林则以心材褐腐病为主。病毒病出现于牛樟树天然林中的幼苗阶段（张东柱等，1992、1997、1999）。

（二）虫害

牛樟树的有害生物主要是虫害，常见的害虫主要有樟巢螟、红蜘蛛、大蓑蛾、木毒蛾、刺毒蛾、介壳虫等。其中，樟巢螟是樟科植物最常见且危害最严重的食叶害虫。

樟巢螟，又名樟丛螟，属鳞翅目螟蛾科。樟巢螟以幼虫取食樟树叶片和吐丝缀合小枝与叶片，形成鸟巢样的虫巢。虫口密度大时可吃光整树叶片，整树挂满虫巢，严重影响牛樟树的正常生长发育（图4-1）。樟巢螟防治有以下几种方法。

图4-1　樟巢螟危害

1. 人工摘巢

一旦发现虫口，及时处理。当虫口密度低且植株低矮时，可人工摘巢，摘下的虫苞应集中烧毁。

2. 灯光诱杀

樟巢螟成虫具有一定的趋光性，可在成虫高发期进行灯光诱杀。

3. 生物防治

在幼虫初孵期用生物农药 Bt 可湿性粉剂 800 倍液，或用 0.3% 高渗阿维菌素乳油 1 500～2 000 倍液喷雾。

4. 化学防治

尽量选择在低龄幼虫期防治。此时虫口密度小，危害小，且虫的抗药性相对较弱。防治时用 3% 高渗苯氧威乳油 2 000 倍液、1.1% 百部·楝·烟和 0.5% 苦参碱 500 倍液，对樟巢螟防效良好。可连用 1～2 次，间隔 7～10 天。可轮换用药，以延缓抗性的产生（龙永彬等，2017）。或者在幼虫刚开始活动尚未结成网巢时，用 90% 晶体敌百虫 4 000～5 000 倍液，或 50% 马拉硫磷，或 40% 乐果乳剂 2 000 倍液喷杀。

第五章　牛樟树研究进展

一、遗传多样性研究

近年来，重要林木的遗传多样性及遗传育种研究取得长足进展。然而，由于缺乏有效的 DNA 标记，目前有关牛樟树的资源收集分类、遗传多样性及遗传育种研究进展仍相当缓慢。孟红岩等（2016）和林雪玲等（2019）建立了牛樟树总 DNA 提取方法，为牛樟树的分子生物学研究提供了理论依据。郭莺等（2018）开发了牛樟树遗传多样性分析的 EST-SSR 标记，并对其在牛樟树中的多样性和其他樟属植物上的可转移性进行评价，为后续牛樟树遗传资源的开发利用打下基础。有关牛樟树分子水平的研究主要集中在对其遗传多样性上。Pei Chun Liao 等对 19 处共 113 个牛樟树样本的查尔酮合酶内含子和叶片内含子- 2 DNA 序列检测发现，牛樟树有西北、西中、西南和东南 4 个地理群，先后从西北地区向南、从东南地区向南迁移（Pei Chun Liao et al.，2017）。通过对 4 个地理群的 164 份牛樟树的遗传多样性分析，发现台湾是其分布中心，区域内变异占总变异的 88%，距离和传粉限制了区域间的基因漂移（T. P. Lin et al.，1998）。通过对牛樟树 19 个种群 94 个体的叶绿体 DNA 多样性分析，发现台湾东南部和台湾中北部许鹤山脉是牛樟树的 2 个遗传多样性中心（Dai Chang Kuo et al.，2010）。牛樟树中有 15 个能有效鉴别牛樟来源和遗传结构的微卫星，可有效打击非法盗伐（Kuo Hsiang Hung et al.，2017）。

二、成分研究

由于牛樟树为台湾特有的树种，所以有关早期从牛樟树萃取

成分的研究并不多,主要研究多集中在挥发油的成分上(图 5 -
1)。在牛樟精油的组成中发现,以松油醇(4 - Terpineol)、D -
Sabinene、l - Linalool、Safrole 为主要成分,并以松油醇(4 -
Terpineol)的含量最多,且松油醇在其他樟属树木植物的精油中含
量极少,此为牛樟树与其他樟属树木在精油成分上最主要的差别。
1952 年,日本学者藤田安二研究指出,牛樟叶精油的组成中主要
包含 Terpineol、4 - Terpineol、T - Muurolol 及 8 - epi - β - bisabolola
4 种萜类化合物,同时指出牛樟芝子实体挥发性成分中含有与牛樟
树相同的萜类化合物。

图 5 - 1 从牛樟树中提取的 100%牛樟叶精油

三、牛樟叶精油化学成分分析及类型划分研究

目前牛樟树一般根据树形结构、叶片形态、树干颜色等外观
形态进行分类,但此分类方法缺乏科学依据。通常情况下,按同

种植物叶精油第一化学主成分进行分类的方法，称为化学型分类方法。樟树（*Cinnamomum camphora*）按照化学类型可分为 5 种类型：脑樟型、芳樟醇型、桉叶油素型、龙脑型和异橙花叔醇型（段博莉，2006）。有研究通过对不同类型牛樟叶精油化学成分组成的分析，对牛樟树进行化学类型分类，比较不同化学类型牛樟叶精油之间的差异，并研究相对应化学类型牛樟树和其他樟树叶精油之间的差异，为科学、合理、有效利用及研究牛樟树植物资源提供了科学依据。

　　从 5 年生实生牛樟树植株上采集叶样，蒸馏法提取牛樟叶挥发性精油，采用 GC－MS 技术对叶精油中的化学成分进行定性、定量分析。按牛樟叶精油中第一主成分进行化学类型划分，牛樟树可初步划分为 4 种类型：桉叶油素型、异橙花叔醇型、芳樟醇型和肉豆蔻醛型。不同化学类型牛樟叶精油化学成分组成及提取率均存在较大差异，异橙花叔醇型牛樟叶精油中特有化学成分共 13 种，桉叶油素型牛樟叶精油中特有化学成分共 2 种，芳樟醇型牛樟叶精油中特有化学成分共 2 种，肉豆蔻醛型牛樟叶精油中特有化学成分为 1 种，4 种化学类型精油中所共有的化学成分共 12 种。牛樟叶精油中第一主成分平均含量大小依次排序为：芳樟醇型（68.71%）、桉叶油素型（57.38%）、异橙花叔醇型（37.91%）、肉豆蔻醛型（33.75%）；4 种化学类型叶精油平均得油率大小依次排序为：桉叶油素型（1.28%）、异橙花叔醇型（0.19%）、芳樟醇型（0.04%）、肉豆蔻醛型（0.01%）（表 5－1）。牛樟树中的桉叶油素型与樟树中的油樟类型相似，牛樟树的异橙花叔醇型与樟树的异樟类型相似，牛樟树的芳樟醇型与樟树的芳樟类型相似。不同的是，牛樟树有一种肉豆蔻醛型化学类型，而樟树有龙脑型和脑樟型。但总体而言，牛樟树与樟树相似化学类型叶中的精油含量，前者普遍低于后者（杨海宽等，2016）。

表 5-1　不同化学类型精油化学成分组成（%）

化合物名称	百分含量			
	异橙花叔醇型	桉叶油素型	芳樟醇型	肉豆蔻醛型
α-蒎烯	2.11	5.74	—	0.15
α-水芹烯	1.25	17.43	—	0.16
β-蒎烯	0.79	3.78	—	—
月桂烯	1.09	1.29	—	—
3-侧柏烯	5.20	0.11	—	0.11
3-稭烯	0.83	—	—	—
2-崁烯	—	0.27	—	—
1-甲基-2-异丙基苯	0.27	—	—	—
对伞花烃	17.12	0.64	—	1.36
柠檬烯	7.14	—	0.85	—
桉叶油素	0.68	55.17	0.10	0.32
罗勒烯	0.49	—	0.98	—
萜品烯	0.11	0.64	0.11	0.11
顺式-β-萜品烯	—	0.31	—	—
萜品油烯	0.35	0.11	—	—
芳樟醇	11.15	0.36	65.50	6.18
樟脑	0.11	—	—	—
2,2-二甲基-3,4-辛儿烯醛	—	0.10		
香茅醛	0.60	0.25	—	—
2,5-二甲基-2,4-己二烯	0.11	0.52	0.19	—
4-萜品醇	0.43	1.95	3.14	0.23

（续）

化合物名称	百分含量			
	异橙花叔醇型	桉叶油素型	芳樟醇型	肉豆蔻醛型
α-松油醇	0.87	7.77	3.40	0.23
顺式-桧醇	0.15	—	—	—
橙花醇	—	—	0.21	—
香茅醇	2.77	0.18	4.58	0.89
顺式-柠檬醛	0.18	0.12	1.90	0.28
薰衣草醇	—	—	0.20	—
反式-柠檬醛	0.20	—	1.37	0.30
异黄樟油素	0.52	—	0.14	0.16
甲酸香草酯	0.14	—	0.10	—
β-蒎烯	0.30	—	—	0.74
波旁烯	0.12	—	—	0.23
β-榄香烯	0.11	—	—	0.70
β-石竹烯	1.95	0.74	0.97	13.87
α-香柑油烯	0.22	—	—	—
α-石竹烯	0.24	0.21	0.31	4.01
β-檀香烯	0.35	—	—	—
大根香叶烯 D	0.15	—	—	—
α-荜澄茄油烯	0.33	—	0.11	0.98
β-桉叶烯	0.13	0.39	0.54	10.13
γ-榄香烯	0.26	0.12	0.16	3.25
α 依兰油烯	0.25	—	—	—
柠檬烯	—	—	—	0.14
杜松烯	0.37	—	0.42	0.72
d-杜松烯	0.99	—	—	0.63
异橙花叔醇	19.62	—	0.93	2.95

（续）

化合物名称	百分含量			
	异橙花叔醇型	桉叶油素型	芳樟醇型	肉豆蔻醛型
大根香叶烯 D－4－醇	0.68	—	—	—
氧化石竹烯	0.68	—	0.60	1.68
1-愈创烯-11-醇	0.71	—	1.27	3.69
绿花白千层醇	0.15	—	—	0.22
肉豆蔻醛	0.21	—	4.94	23.33
1-杜松醇	1.09	—	—	—
α-杜松醇	1.01	—	0.20	0.43
异愈创木醇	0.28	—	0.11	0.27
橙花烯醛	0.10	—	—	—
棕榈醛	0.19	—	—	—
2，4-二甲基-2，6-辛二烯	6.23	—	—	—
1，1-二乙氧基壬烷	—	—	0.37	0.19
1，1-二乙氧基葵烷	—	—	3.08	14.71

第六章　牛樟树的功效及加工利用

一、功效研究

牛樟树全株包括根、干、枝、叶皆可提炼成樟脑及樟脑油，樟脑有医药、防腐和杀虫等用途，樟脑油可作农药、香精等原料，亦有药用价值如祛风、散寒、驱暑、治疗心腹胀痛、健胃、止痒、止痛、治疗跌打损伤等功用。其中牛樟树精油的用途非常广泛，是现在生活中一种很好的产品，且在使用上不会有其他副作用。

1. 可作为空气清香剂

牛樟精油作为辅料添加可制成具有独特气味的空气清香剂、防蚊虫剂、牛樟芝营养液、面膜、漱口液、洗发乳、沐浴乳等。

2. 缓解感冒症状

牛樟精油有减轻感冒症状的作用，在感冒时及时使用牛樟精油调理，能让感冒症状很快缓解。在盘中放一些沸水，滴入几滴牛樟精油，再用其熏蒸面部，牛樟精油的精华成分能随呼吸被人体吸收和利用，能减轻因感冒出现的咽喉肿痛、鼻塞及发烧等症状。

3. 去除皮肤暗疮

牛樟精油对皮肤有很好的疗效，它还可以起到美白祛痘、淡化褐斑、缓解暗哑发黄、延缓衰老、促进血液循环的作用。经常涂抹牛樟精油，能延缓皮肤衰老，防止皮肤发黄，提高皮肤的抗衰老能力。

4. 排毒，缓解伤痛

牛樟精油对于身体的功效也是非常显著的。如可缓解胀气，热敷可缓解头痛，冷敷可缓解感冒症状，治疗脱发，还有塑身效

果。在泡澡时加入牛樟精油还可以促进身体排毒。

5. 缓解肌肉酸痛

无论是哪种原因引起的肌肉、筋骨红肿酸痛，都可以将牛樟精油涂抹在疼痛部位，一段时间后，可以舒缓和消除疼痛感。

6. 具有提神功效

做成熏香可以提神，净化空气，使人精神爽朗。

7. 具备杀菌功能

牛樟精油能消炎、杀菌、抗病毒，台湾某实验室完成的牛樟精油杀菌试验结果证实，只要 15～30 分钟，浓度 100% 的牛樟精油能杀死肺炎链球菌、流感嗜血杆菌、脑膜炎双球菌、鲍氏不动杆菌、白色念珠菌及黑曲菌、大肠杆菌、葡萄球菌、黄金链球杆菌等，这个发现引起了全球关注。

8. 保持口气清新

牛樟精油不仅能为人体补充营养，它还含有多种天然活性成分，人们平时加清水把它稀释制成漱口水，直接含漱能去除口腔异味、清新口气，同时它还能消除口腔中的细菌与病毒，对常见的口腔溃疡和牙龈肿痛也有良好的预防作用。

二、加工利用

牛樟树是一种材药两用的名贵树种，其全身是宝，从树叶到树干都能研发相关产品，具有极高的经济价值。

牛樟树属于常绿型乔木，其叶色多变，树姿优美，是很好的绿化树种。加之其树形粗壮坚实且速生，5 年直径能达到 10 厘米以上。木材富含松油醇、香叶醇、香茅醇、芳樟醇、樟脑和丁子香酚等多种精油成分，具有特殊芳香气味且持久不散，材质细腻、致密、坚硬，且不易腐朽或虫蛀，是制作高级家具和雕刻品的优良木材。

　　根据台湾大学和农业权威部门对牛樟叶成分的调查和研究，共鉴定出 58 种化合物，具有抗氧化、抗菌杀菌、镇痛及消炎等功效。牛樟树的枝叶可以用于提炼精油、制作茶饮，或用于烹饪。其提取出来的精油味道芳香，适合芳香疗法舒缓精神压力，也可用于开发护肤品、肥皂、沐浴液等多种产品。牛樟茶中的天然化合物能加速肝脏代谢毒素，有效清除宿便，延缓衰老，还能改善呼吸困难及提升肺功能，适合应酬多、加班多、睡眠少的"两多一少"人群，市场前景广阔。牛樟叶直接用于烹调或制成酱油、烹调香料等，均可使菜品具有独特风味。人工栽培的牛樟树第二年即可采摘枝叶，由于牛樟树生长速度快，每年均需要修剪数次，因而枝叶产量多，可提供充足的原料进行加工，适合产业化发展。

第七章　牛樟芝研究介绍

一、概述

1. 牛樟芝的由来

牛樟芝又名樟菇，属非褶菌目多孔科薄孔菌属多年生真菌，学名为 *Antrodia camphorata*，最初由大陆学者臧穆和台湾学者苏庆华于 1990 年共同报道，1997 年才被命名，为灵芝属新种樟芝，后经台湾学者吴声华和张东柱等重新组合为现在的薄孔菌属牛樟芝。其生长区域为台湾山区海拔 450～2 000 米的山林，只生长在台湾特有的百年以上的牛樟树树干腐朽的心材内壁，或枯死倒伏的牛樟树木材潮湿表面。到目前为止，牛樟芝是牛樟树上发现的唯一腐木菌，其寄生性不强，牛樟树很少因此而死亡，可存活数百年。由于牛樟芝只生长于牛樟树上，且牛樟树数量稀少，牛樟芝生长缓慢，所以牛樟芝非常昂贵，有"森林红宝石"之称。

2. 牛樟芝的使用历史

牛樟芝素有"药芝之王"的美誉，台湾以前居民以狩猎为生，整日穿梭于森林之中，无意间发现了牛樟树洞中的橘红色樟芝，食之能明显缓解食物中毒和改善因饮酒等导致的多种健康问题。因此，当时的许多居民每天外出狩猎或采集时，都会随身携带或口含一片牛樟芝，以达到提高身体机能的目的，牛樟芝以其神奇疗效而广泛流传，被称为"解毒秘方"。清乾隆三十八年（1773年），随着大陆向台湾的移民潮，福建漳州人吴沙到台湾生活。吴沙因早年钻研中医，常常前往山中行医，接触到当地居民，发现了牛樟芝的神奇功效。据《台湾通史》记载，嘉庆元年（1796年），数千名垦民跟随吴沙进入台湾东部沼泽地垦荒。吴沙采购大量牛樟芝，"滤其汁，久不生腐"，让垦民饮之，不惧弥漫的毒瘴

且气力大增，开良田千顷，筑土围，后居民逐渐增多，发展成现在的宜兰县。由于其生长条件的限制，野生牛樟芝十分难得，故使其发展应用受到了极大的限制。牛樟芝于1985年正式走进大众的视野，1989年开启现代化研究，至今已有30年的历史，因其药用价值显著，其研究开发已获得了长足进展。

3. 牛樟芝形态特征

牛樟芝子实体多年生，平伏无柄，木栓质至木质，生长于牛樟树干腐朽的中空内部或倒伏树干的潮湿表面。

（1）**子实体**　牛樟芝系腐生于牛樟树老树立木或倒木上，生于树干中空内壁的称为牛樟内芝，少数生于树干外部的称为牛樟外芝。牛樟芝子实体有浓郁的香樟味，外形为板状、钟状、马蹄形或塔形，一般以板状较多。子实体2层大小变化极大，可大至20厘米×30厘米，重达5千克以上，或小至一层薄片。老熟后呈钟状，外皮有明显的环状构造且极坚硬。子实体表面鲜艳如鲤红色，渐长变为白色、淡红褐色、淡褐色或淡黄褐色。子实体下层淡黄色，厚约0.6厘米。菌管长0.3～0.5厘米，孔口乳黄色，管口近圆形。子实体附着于树干部分为浅黄色的木栓层，质地柔软（图7-1、图7-2）。

图7-1　牛樟芝标本（左为正面　右为背面）

图 7-2　牛樟芝鲜活子实体

（2）**菌丝**　牛樟芝生殖菌丝透明微黄，壁薄，孢径 1.5～2.5 微米；骨架菌丝淡黄色，壁厚，孢径 2.5～4.5 微米；缠绕菌丝淡黄色，分枝，壁厚，孢径 0.1～0.2 微米（图 7-3、图 7-4）。

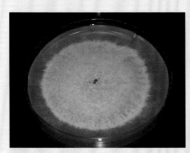

图 7-3　牛樟芝固态菌丝体

图 7-4　牛樟芝液态菌丝体

（3）**孢子**　分生孢子淡红色，椭圆形，外壁光滑，孢子大小为（1.5～2.0 微米）×（3.0～4.0 微米）；担孢子淡黄褐色，卵圆形或椭圆形，外壁具有分离或联结的刺状突起，孢子大小为（2.0～4.0 微米）×（3.0～7.0 微米）。

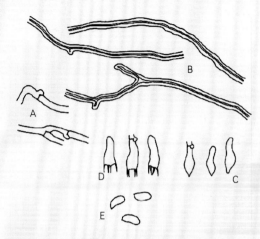

图 7-5　牛樟芝子实体模式标本微观结构
A. 生殖菌丝　B. 骨骼菌丝　C. 似囊状体　D. 担子　E. 担孢子

二、国内外研究现状及发展动态分析

　　早在两三百年前，牛樟芝就被台湾居民当成民间用药。但是，牛樟芝是从 1990 年中国科学院昆明植物研究所臧穆和台湾台北大学苏庆华博士共同发表《我国台湾产灵芝属—新种——樟芝》后才开始被世人所知，所以，牛樟芝的研究历史至今只有不足 30 年。但是，后期牛樟芝的研究迅猛发展，特别是近几年，国内外学者对牛樟芝的培养、生物活性物质的确定及提取工艺、生物活性功能、生物学特性和分子生物学等进行了大量研究。截至目前，在 SCI 数据库里得以搜索到的关于牛樟芝的文章有 150 篇，主要由我国台湾学者、大陆学者及日本学者发表。在中文数据库中，能搜索到的有关牛樟芝的中文文献有 200 多篇，包括博士论文、硕士论文、中文期刊等。这些文献中，主要是对牛樟芝药理作用、产物生物活性、化学成分、活性成分等的研究；而牛樟芝人工培养条件的摸索、优化牛樟芝液体深层发酵的培养基成分、培养条件和提取工艺方法来达到提高牛樟芝生物活性等方面的研究相对较少。但也为以后在牛樟芝人工培育方面的研究提供不少数据参考和方法。

三、生理活性成分与功效

（一）生理活性成分

1. 多糖体及糖蛋白类

多糖是牛樟芝中一类主要活性成分，其主体结构是葡萄糖，其直链常以 β-1，3 结合，而侧链常以 β-1，6 结合。牛樟芝多糖中除葡萄糖外，还结合有木糖、甘露糖及半乳糖等形成杂多糖，其活性多糖是 D-葡聚糖大分子结构。

2. 萜类化合物（Terpenoids）

三萜类化合物是目前牛樟芝子实体发现最多的萜类化学成分，一般被认为牛樟芝萃取物中苦味成分的主要来源。2006 年，台湾大学化学系郭悦雄教授自牛樟芝子实体分离获得一系列二萜类化合物，并发现具有神经保护（neuroprotective activies）药理活性。2007 年，台湾大仁科技大学药学系及制药科技研究所陈日荣教授的研究团队，从牛樟芝子实体分离获得具有抗发炎功效的含苯环与三键组合的特殊化学构造化合物。牛樟芝中的萜类物质多为四环三萜，可分为麦角甾烷型和羊毛脂甾烷型两种类型。其中牛樟芝酸是一种特殊且具有麦角甾烷骨架的化合物，从目前文献报道，该成分只存在于牛樟芝中。牛樟芝三萜与灵芝三萜比较，区别主要是在其第 24 个碳的位置上有第二个双键。目前，已在牛樟芝子实体和菌丝体中分离纯化得到 40 多种萜类化合物，已明确 30 余种活性成分的化学结构，详见表 7 - 1。

表 7 - 1　牛樟芝中萜类化合物一览表

化合物类别	化合物名称
二萜 Diterpenoid	19 - Hydroxy - labda - 8（17）- en - 16，15 - olidel；pinusolidie acid 7，14 - deoxyandrograp - holide
三萜 Triterpene	Antein A、Antein B、Antein C、Antein D、Antein E、Antein F；Zhankuic acid A、Zhankuic acid B、Zhankuic acid C、Zhankuic acid D、Zhankuic acid E；methyl antei - nate B、methylantei - nate C、methylanteinate H
苯环衍生物 Phenyl derivatives	Antrocamphin A、Antrocamphin B；Isobutylphe - nol；Vanillin
倍半萜内酯 Sesquiterpene lactone	Antrocin
生育酚类 Tocopherols	α - Tocospiro B
脂肪酸及其酯化合物 Fatty acid and ester compounds	Methyl oleate 12 - Hydrododecanoic acid methylester；Hexadecanoic acid；10 - Hydroxy - r - dodeca lac - tone

3. 核酸类

包括有腺苷（Adenosine）、核糖核苷酸（RNA）、腺嘌呤（Adenine）、尿嘧啶（Uracil）等物质。张奉苏等（2013）采用 HPCE 检测牛樟芝人工发酵菌粉检测出 5 种核苷酸，含量由高到低顺序为腺苷、尿苷、鸟苷、肌苷、腺嘌呤。

程利娟等（2014）采用 HPLC 检测牛樟芝（宏潮生物）中腺苷

的平均含量为 0. 12%。

4. 泛醌类化合物

目前从牛樟芝的发酵菌丝体中分离得到一类小分子亲脂型苯醌化合物，经鉴定为安卓奎诺尔（Antroquinonol）及其衍生物，如安卓奎诺尔 B、4 -乙酰安卓奎诺尔 B、安卓奎诺尔 D 等。此外，还分离鉴定出 Antrocamol LT1、Antrocamol LT2 和 Antrocamol LT3 三种新泛醌类衍生物。

5. 马来酸及琥珀酸衍生物

目前分离得到 antrocinnamomin A～H，antro-din A～C 等系列马来酸及马来酸酐衍生物。此外，从牛樟芝菌丝体中还提取分离得到 $3R^*$，$4S^*$ - 1 - hydroxy - 3 - isobutyl - 4 -[4 - (3 - methyl -2 - butenyloxy) phenyl]- pyrrolidine - 2，5 - dione (50) 和 $3R^*$，$4R^*$ - 1 - hydroxy - 3 - isobutyl - 4 -[4 - (3 - methyl - 2 - bute - nyloxy) phenyl] pyrrolidine - 2，5 - dione (51) 两个琥珀酰亚胺。

6. 挥发性成分

野生牛樟芝和人工培养牛樟芝均具有特有的香气，这类香味物质成分复杂，多具挥发性。Lu 等（2011）采用 GC - MS 法对牛樟芝液态发酵产物中挥发性成分进行了测定分析，从菌丝中检测鉴定出 55 种物质，从发酵液中检测鉴定出 49 种物质，包括 22 种醇类、8 种酮类、7 种醛类、23 种酯类、5 种萜烃类和 3 种芳香族化合物，并认为其中具有蘑菇气味的 C8 脂肪族化合物、水果气味的某些内酯和柑橘气味的 L -芳香醇是牛樟芝中特殊香味的主要来源。

（二）功效

近年来，国内外学者对牛樟芝的药效和药理作用开展了大量的研究。临床研究表明，牛樟芝具有保护肝脏、抗肿瘤、抗炎症、抗氧化、抗高血压、降血糖和调节机体免疫功能等作用。

1. 解毒

对食物中毒、腹泻、呕吐、农药中毒均具有一定的解毒作用。

2. 解酒、解宿醉

实验研究显示，牛樟芝具有减少酒精对肝脏伤害的作用。

3. 抵抗病毒、预防流行性感冒、提高免疫力

樟芝成分中含有的多糖体能活化细胞、改善体质，增强人体的免疫调节，除了能早期预防流感病毒的感染、提高免疫力之外，更能抵抗流行性感冒和与肠道有关的病毒。

4. 抵抗过敏、气喘

许多因为过敏体质而产生过敏性症状（如食物、呼吸、皮肤过敏）的人表示，他们在服用牛樟芝后，能在短时间内获得改善。这是因为牛樟芝具有双向调节免疫力的功能，除了能强化免疫系统外，更能调整过剩的免疫力，预防组织胺的释放，使过敏原进入体内后就不再引起过敏现象。

5. 防癌、抑制癌细胞的生长

除了能预防、治疗肿瘤及抑制癌细胞的扩散、转移外，牛樟芝还能消除癌性腹水，对于癌症末期病患常见的剧烈疼痛、食欲不振等现象，具有相当显著的改善作用。许多癌症受访者也表示，他们在服用牛樟芝后，许多癌症的不适症状如体力不支、疼痛、食欲不振等也得到大幅度改善，日常生活逐渐恢复正常。

6. 治疗肝炎、肝硬化、肝癌

牛樟芝含有丰富的三萜类及多糖体，具有保护肝脏、促进肝细胞再生、对抗肝癌的疗效。

7. 改善肠胃疾病，帮助大小肠蠕动、防止便秘

研究证实，多种肠道菌会受到三萜类及多糖体的抑制，因此牛樟芝能有效地改善肠胃方面的疾病，如胃炎、胃溃疡、十二指肠溃疡、便秘等。

8. 预防各种心血管疾病

牛樟芝除了能降低血液中的胆固醇和脂肪含量外，其腺苷还能降低血小板的凝结功能，因此能预防各种心血管疾病，如高血压、低血压、动脉硬化、血栓症、心肌梗死、脑卒中、狭心症等。

9. 镇静止痛、抗发炎

牛樟芝成分中的多糖体除了具有降血糖、降胆固醇、抗肿瘤作用外，也被发现具有抑制发炎和镇痛的功能。对于腰痛、肩痛、膝痛、风湿痛等因血管所引起的各种疼痛皆有疗效。

10. 预防骨质疏松症

随着年龄的增长，一般人的身体容易产生骨质疏松症的情况，稍有不慎就可能引起骨折。近年来，不少人因为减肥采用了不当的方式，结果造成骨质疏松症。牛樟芝中的麦角固醇成分是维生素 D 的前驱物，维生素 D 具有帮助钙质吸收的功效，可以预防骨质疏松症的发生。

11. 改善肾脏方面的功能

研究及临床实验证明，牛樟芝的三萜类及多糖体能有效治疗各种肾脏病症，如肾炎、尿毒症等，能降低尿蛋白、维护肾脏机能的正常运转。

12. 治疗糖尿病

胰岛素分泌不足，会引起糖尿病，进而并发多种疾病。实验证明，牛樟芝的多糖体中含有具胰岛素一般作用的成分。它不仅能补充胰岛素的分泌不足，同时能使胰脏恢复应有的功能。

13. 治疗免疫过强所引发的异位性皮肤炎、红斑狼疮等疾病

牛樟芝具有双向调节免疫的功能，除了能强化免疫系统外，更能调整过剩的免疫力。因此，免疫系统过强所造成的疾病，牛樟芝都具有显著的治疗效果。

14. 退斑

黑斑、雀斑、老人斑、汗斑及青春痘等皆可改善。

15. 其他

牛樟芝的疗效还包括治疗支气管炎、肺炎、贫血、关节炎、痛风、失眠等。

四、培育方法

牛樟芝的生长发育阶段：孢子→菌丝→菌脉→类子实体→子实体形成→大小不一的子实体。人工培养方式主要有 3 种：牛樟树椴木栽培法、固态发酵法和深层液态发酵法。第一种得到的是子实体，后两种得到的是菌丝体或其混合物。

（一）椴木栽培法

利用牛樟芝原有宿主牛樟树椴木为培养基栽培牛樟芝；将菌种接种于牛樟椴木上，通过适当控温使其生长于表面，培育 1～3 年后获得子实体，能获得与野生樟芝相同的成分，功效相同。椴木栽培的优点是三萜类种类及含量高；缺点是菌丝生长缓慢，培养时间较长，需 1 年以上，且牛樟树椴木稀缺，替代木材种类少且易染杂菌（赖敏男，2017）。沉水樟（*Cinnamomum micranthum*）作为樟芝的新宿主，经人工培育得到沉水樟芝。研究人员比较研究了牛樟芝与沉水樟芝药材间的物种同源性，并进行了质

量控制研究，HPLC 指纹图谱显示沉水樟芝的色谱峰数量、保留时间与牛樟芝几乎一致，仅峰面积有所不同；从红外光谱图看，牛樟芝和沉水樟芝并无明显差别，说明沉水樟芝与牛樟芝具有较大的相似性，可作为牛樟芝的潜在替代品进行开发（王宏运等，2017）。将牛樟芝菌种接种到苹果木、梨木、板栗木、柞木椴木上，进行营养生长管理和生殖生长管理，最终在老龄苹果木上长出了樟芝的子实体，表明老龄苹果木可作为牛樟树椴木的替代物使用（冯路瑶，2017）。

（二）固体培养法

将牛樟芝菌种以太空包进行菌丝体培养。太空包含有纤维物、糖类、五谷杂粮类等；能获得与野生牛樟芝外形相似但不一样的成分，培养时间约 3 个月；培养成本稍高。太空包中不同谷物对活性产物的生产有明显的影响，以青稞作为发酵谷物基质，其活性产物种类多且含量高，Antrodin C 和 Antroquinonol 产量分别为 5 901.27 毫克/千克和 3 715.76 毫克/千克（周璇等，2017）。固体配方为牛樟木屑 78%、麦麸 10%、玉米粉 10%、石膏粉 1%、葡萄糖 1% 的培养基培养出的牛樟芝，菌丝最为致密且生长速度最快；充足的散射光能促进菌膜变为橘红色，有助于后期菌皮的形成（姚秋生等，2017）。获得 Antroquinonol 的工艺条件最佳为：小麦 80.82 克，相对湿度 58.01%，培养温度 28.48 ℃，Antro-quinonol 平均产量可达 259.79 毫克/千克（魏海龙等，2017）。

（三）液体发酵法

利用液体发酵槽进行菌种液体发酵以收取菌丝体，培养时间短，仅需 7～14 天，培养成本较低。该培养方法三萜类含量最少，但可溶性多糖含量高于其他培养法。以总三萜含量为目标，得到牛樟芝菌丝生长所需适宜培养条件为：培养时间 20 天，初始 pH 4.0，瓶装量 150 毫升，转速 120 转/分钟；最适培养基配方为：碳源为木糖，氮源为硝酸钠，生长因子为玉米浆。在发酵液基础培养基中添加枸杞水、连翘醇等中药材提取物对牛樟芝菌丝体生物量和三萜含量有明显促进作用。添加宿主相关物种——樟树的水或石油醚提取物也能有效增加三萜类物质产量，进一步研究表明，α-terpineol 0.5 毫克/升的增产作用最为显著（Lu Z M et al.，2014）。在培养基中添加柑橘属不同植物树皮提取物，能提高多酚类及三萜类物质产量，其中以柑橘树皮效果最好。由于香精油对菌丝体有抑制作用，添加时间掌握在开始培养的第 7 天以后。添加 28 天时，多酚类及三萜类的产量能增加 10 倍以上，添加物最佳体积为总体积的 4%（Ma T W et al.，2014）。常规液态发酵菌丝体中主要含有 Antrodins 类化合物，以 Antrodin C 为主，但不能合成 Antroquinonol 类化合物。添加前体物辅酶 Q_0 可以诱导牛樟芝菌丝体在液态发酵中合成 Antroquinonol；在此基础上，添加植物油进行同步萃取发酵，能够显著提高牛樟芝菌丝体活性成分种类和获得率。牛樟芝发酵液中挥发性物质在液体发酵过程中的动态变化表明在不同阶段呈现出不同的香味，并在所有挥发性物质中鉴定出 50 多种化合物（徐萌萌等，2017）。挥发性物质的综合分析可为将来牛樟芝相关产品的质量评价、价值评估以及新产品开发提供重要的技术指标。牛樟芝菌丝体 4-acetylantroquinonol B 的抗癌细胞增殖活性与液体发酵液的香气浓度呈正相关，一些挥发性物质为 4-acetylantroquinonol B 的前体化合物，气相色谱鉴定出这些化合物主要为 1-辛烯-3-醇（蘑菇醇）、芳樟醇、甲基乙酸苯酯、橙花叔醇、γ-杜松萜烯及 2，4，5-3 甲氧基苯甲醛（TMBA），进一步研究表明在发酵液中添加橙花叔醇及 TMBA 有助于增加 4 - acetylantroquinonol B 产量及生物活性（Chang C C et al.，2013）。牛樟芝在深层发酵过程中能够产生大量无性孢子，Ca^{2+} 浓度能够有效调控牛樟芝无性产孢的现象。差异蛋白质组学分析鉴定出参与 Ca^{2+}-钙调素信号通路的 Ca M 蛋白和 Hsp 90 蛋白，以及参与 Flu G 调控产孢信号通路的 Aba A 蛋白；进一步的生物信息学分析，预测了 Ca^{2+}-钙调素和 Flu G 介导的牛樟芝无性产孢信号通路模型图。采用实时定量 PCR（RT - q PCR）技术发现了受 Ca^{2+} 调控最为灵敏的 7 个产孢相关功能基因：*crz1*、*hsp90*、*flb B*、*brl A*、*aba A*、*wet A* 及 *fad A*（Li H et al.，2017）。

（四）牛樟芝栽培比较

牛樟芝的人工培养产物除了椴木栽培子实体以三萜含量为主要检测指标外，其他的菌丝体产物均没能准确反映其内在质量或是与生理功能明确相关的质量标准，在质量控制方面存在较大的漏洞。同时，因为对牛樟芝人工培养产物有效成分的不了解，致使牛樟芝生产工艺的优化调整缺乏方向，没有发挥出樟芝应有的应用潜力。现从培育技术、药物品种活性、特有成分和培养时间 4 个方面对不同栽培法进行比较（表 7 - 2）。

表 7 - 2　不同栽培法的比较

项目	自然生长	牛樟椴木栽培	太空包栽培	固态发酵培养	液态发酵培养
培养技术	天然牛樟树腐朽心材内壁或枯死倒伏牛樟木材阴暗潮湿表面生长	以牛樟椴木用人工植菌方式与控温方式使其表面生长	以太空包方式内植入牛樟芝菌种和人工管理生长	以皿培方式将菌种接种在含有营养素的培养皿或瓶内	利用吨级以上的液体发酵槽进行菌种液体发酵，收取菌丝体与液体

（续）

项目	自然生长	牛樟椴木栽培	太空包栽培	固态发酵培养	液态发酵培养
药物品种活性	原生物质,功效最佳	接近野生芝原生物质,功效仍有差异,无法完全相同	较人工椴木栽培为差,且批次间质量控制不易相同	较太空包栽培的生物活性物质为少,同样有批次间质量差异大的现象	功效与活性物质为最少,但质量较稳定
特有成分	三萜类、多糖体、腺苷、超氧化物歧化酶、麦角固醇、木质素、维生素、蛋白质、微量元素、抗氧化物质	若以真正牛樟树与正统菌种进行培养,并模拟与控制生长环境,可获得与野生牛樟芝相同的成分	较椴木培植多糖体较多,菌丝体三萜类少	较太空包培植多糖体多,菌丝体三萜类少	多糖体、菌丝体三萜类最少
培育时间	长达1～5年	1～3年	约需6个月	约需3个月	7～14天

五、栽培现状

近年来,牛樟芝产业得到快速发展,牛樟芝的培植范围也发生了很大的变化,不再仅仅局限于台湾,大陆各地牛樟芝培植园如雨后春笋般快速发展起来。福建牛樟芝培植与研发企业数量多达40家,广东的深圳、东莞、清远等地近年来广泛开展牛樟芝的培植与深入研究。牛樟芝的研究进展和产业发展前景得到广东省政府的高度重视,2016年6月,广东省人民政府办公厅印发了

《广东省推动中药材保护和发展实施方案（2016—2020）的通知》〔粤府办（2016）61〕，将牛樟芝列为加强中药材资源保护、建设濒危稀缺中药材种植养殖地、开展 20 种重点保护和发展的特色中药资源评价及繁育技术研究的品种之一，并在对该品种的安全生产与可持续性发展关键性技术研究和完善其产业标准体系方面提出了相关要求和措施。可以预期，牛樟芝将会进一步得到快速开发，为造福人类健康发挥越来越重要的作用。

主 要 参 考 文 献

陈舜英，简庆德，2012. 牛樟种子繁殖 [J]. 林业研究专讯，19 (4)：26 - 28.

陈体强，方忠玉，2003. 台湾珍稀药用菌樟芝及其寄（腐）生树种牛樟 [J]. 福建农业科技，1：41 - 42.

陈远征，马祥庆，冯丽贞，等，2006，濒危植物沉水樟的濒危机制研究 [J]. 西北植物学报，26 (7)：1401 - 1406.

程利娟，郭琪，雷虹，等，2014. 高效液相色谱法测定牛樟芝中腺苷的含量 [J]. 解放军医药杂志，26 (5)：76 - 78, 85.

冯路瑶，2017. 牛樟芝人工培养工艺及三萜类成分产生规律的研究 [D]. 烟台：鲁东大学.

高毓斌，黄松根，1993. 牛樟之扦插繁殖 [J]. 林业试验所研究报告季刊，8 (4)：371 - 388.

高毓斌，黄松根，刘一新，1999. 牛樟扦插苗造林五年后之生长表现 [J]. 台湾林业科学，14 (1)：45 - 52.

顾懿仁，蔡丽杏，王荣春，等，1984. 牛樟在本省之生长情形及其繁殖试验效果初步报告 [J]. 台湾林业，10 (5)：4 - 9.

官锦燕，谭嘉娜，罗剑飘，等，2016. 牛樟的组织培养和植株再生 [J]. 南京林业大学学报（自然科学版），40 (4)：63 - 66.

郭耀纶，陈佐治，郑钧誉，2004. 牛樟扦插苗的生长及光合作用对光量的反应 [J]. 台湾林业科学，19 (3)：215 - 224.

郭莺，孟红岩，林文珍，等，2018. 牛樟 EST - SSR 标记的开发及遗传多态性分析 [J]. 热带作物学报，39 (8)：1561 - 1569.

黄大斌，杨背，黄进华，等，1991. 樟芝生物学特性研究 [J]. 食用菌学报，8 (2)：24 - 28.

黄松根，1991. 牛樟不同营养系年生人工林之生长情形 [J]. 现代育林，6 (2)：57 - 59.

赖敏男，2017. 台湾牛樟芝发展及人工栽培现状［J］. 食药用菌，25（2）：
　84 - 89.

林鸿忠，1996. 牛樟采穗园之经营及插穗苗培育［J］. 台湾林业科学，22
　（1）：12 - 17.

林顺权，陈振光，1996. 园艺植物试管育苗的决策支持系统［J］. 福建农业大
　学学报，25（2）：150 - 153.

林雪玲，郑蓉，何天友，等，2019. 台湾牛樟总 DNA 提取方法研究及其
　PCR 验证［J］. 安徽农学通报，25：2 - 3.

林永洲，2017. 台湾牛樟引种造林试验初报［J］. 福建热作科技，42（1）：
　39 - 43.

林赞标，1993. 牛樟与冇樟［J］. 林业试验所研究报告季刊，8（1）：11 - 20.

刘荣忠，2012. 牛樟组培快繁技术研究［J］. 现代农业科技（24）：163 - 164.

刘一新，2010. 阔叶树育林之研究［J］. 中华林学季刊，43（4）：569 - 579.

孟红岩，郭莺，林文珍，等，2016. 台湾牛樟总 RNA 提取方法的建立［J］.
　亚热带植物科学，45（1）：53 - 56.

邱志明，孙铭源，汤适谦，等，2010. 香杉受害人工林复层林之建造——林
　下六种阔叶树之生长［J］. 中华林学季刊，43（1）：39 - 51.

邱志明，唐盛林，刘锦坤，等，2012. 牛樟不同营养系生长与容积密度变异
　之研究［J］. 中华林学季刊，45（2）：169 - 182.

苏碧华，2003. 牛樟与樟树嫁接亲和性之研究［D］. 台北：嘉义大学.

王宏运，王宫，喻琳，等，2017. 牛樟芝和沉水樟芝的物种同源性及质量控
　制研究［J］. 中国中医药信息杂志，24（8）：85 - 88.

魏海龙，程俊文，胡传久，等，2017. 牛樟芝固态发酵产安卓奎诺尔工艺研
　究［J］. 浙江林业科技，37（4）：39 - 44.

辛亚龙，唐军荣，杨宇明，2017. 牛樟组织培养技术研究［J］. 中南林业科技
　大学学报，37（8）：48 - 52.

邢文婷，陈培，许奕，等，2017. 台湾牛樟人工林对引种区表层土壤化学性
　质的影响［J］. 广东农业科学，44（12）：73 - 78.

徐萌萌，黄志坚，王寒，等，2017. 牛樟芝液体发酵过程挥发性物质分析 [J]. 食品科学，38（24）：159-164.

杨海宽，章挺，汪信东，等，2016. 牛樟叶精油化学成分分析及类型划分研究 [J]. 江西农业大学学报，38（4）：668-673.

杨旻宪，王才义，2007. 牛樟之嫁接繁殖 [J]. 植物种苗，9（3）：16-26.

杨正钏，陈立屏，2009. 八仙山苗圃牛樟采穗园之种子苗生产记事 [J]. 林业研究专讯，12（1）：42-45.

姚秋生，朱盼盼，王雅莉，等，2017. 牛樟芝固态培养的适宜培养基和光照强度试验 [J]. 食药用菌，25（3）：176-177.

臧穆，苏庆华，1990. 我国台湾产灵芝属一新种——樟芝 [J]. 云南植物研究，12（4）：395-396.

曾群生，2011. 牛樟扦插育苗技术研究 [J]. 福建热作科技，36（2）：21-23.

张东柱，1992. 牛樟扦插苗之两种新病害 [J]. 林业试验所研究报告季刊，7（3）：231-236.

张东柱，陈丽铃，邱文慧，1997. 牛樟之炭疽病和褐根腐病 [J]. 台湾林业科学，12（3）：373-378

张奉苏，陈菲，傅兴圣，等，2013. 高效毛细管电泳法同时测定牛樟芝中5种核苷类成分的含量 [J]. 中国药学杂志，48（12）：1018-1021.

张乃航，马复京，林元祥，等，2012. 牛樟之生长表现 [J]. 林业研究专讯，19（4）：39-42.

张淑华，何政坤，蔡锦莹，2002. 牛樟之组织培养 [J]. 台湾林业科学，17（4）：491-501.

张晓明，曾昭佳，2018. 牛樟的研究进展综述 [J]. 安徽农学通报，24（19）：80-82.

郑蓉，肖祥希，杨宗武，等，2007. 福建柏扦插繁育技术研究 [J]. 亚热带植物科学，36（3）：49-52

周璇，夏永军，刘胜男，等，2017. 不同培养方式对牛樟芝活性组分的影响 [J]. 工业微生物，47（2）：18-23.

周张德堂，2013. 台湾牛樟无性繁殖技术研究 [D]. 福州：福建农林大学.

朱鹿萍，2006. 牛樟、冇樟及樟树之族群遗传变异及相关种属之亲缘关系研究 [D]. 台北：台湾大学.

Chang C C，Huang T N，Lin Y W，et al，2013. Enhancement of 4 - acety-lantro - quinonol B production by supplementation of its precursor during sub-merged fermentation of *Antrodia cinnamomea* [J]. J Agric Food Chem，61 (38)：9160 - 9165.

Dai Chang Kuo，Chia Chia Lin，Kuo Chieh Ho，et al，2010. Two ge-netic divergence centers revealed by chloroplastic DNA varia-tion in populations of *Cinnamomum kanehirae* Hay [J]. ConservGenet (11)：803 - 812.

Han Ming Yu，Fu Chang Ma，Yen Ray Hsu，et al，2008. Silvicultural Growth Performances of Thirteen Endemic Broadleaf Trees of Taiwan [J]. Taiwan J For Sci，23 (3)：255 - 270.

Hsin Yi CHO，Chiung Yun CHANG，Li Chun HUANG，et al，2011. Indole - 3 - butyric acid suppresses the activity of peroxidase while inducing adventitious roots in *Cinnamomum kanehirae* [J]. Botanical Studies，52：153 - 160.

Kao YP，Huang SG，1993. Cutting propagation of *Cinnamomum kanehirae* [J]. Bull Taiwan For Res Inst New Series，8 (4)：371 - 388.

Li H，Lu Z，Zhu Q，et al，2017. Effect of calcium on sporulation of Taiwano-fungus camphoratus in submerged fermentation [J]. Sheng Wu Gong Cheng Xue Bao，33 (7)：1124 - 1135.

FEMS Microbiol Lett，Ma T W，Lai Y，et al，Enhanced production of triter-penoid in submerged cultures of *Antrodia cinnamomea* with the addition of citrus peel extract [J]. Bioprocess Biosyst Eng，2014，37 (11)：2251 - 2261.

Nyland，2002. R. D. Silviculture，Concepts and Applications [M]. NewYork：Mc Graw - Hill.

Pei Chun Liao，Dai Chang Kuo，Chia Chia Lin，et al，2010. Historical spatial range expansion and a very recent bottleneck of *Cinnamomum kanehirae* Hay. (Lauraceae) in Taiwan inferred from nuclear genes [J]. BMC Evolutionary Biology, 124 (10): 1 - 17.

Shu Hwa Chang, Fen Hui Chen, Jeen Yin Tsay, et al, 2015, Somatic Embryogenesis and Plant Regeneration from Immature Embryo Cultures of *Cinnamomum kanehirae* [J]. Taiwan J For Sci. , 30 (3): 157 - 171.

T P Lin, Y P Cheng, S G Huang, 1997. Allozyme Variation in FourGeographic Areas of *Cinnamomum kanehirae* [J]. The Journal of Heredity, 88 (5): 433 - 438.

Wei L Z, 1974. The primary results of asexual propagation for *Cinnamomum kanehirae* [J]. Reforestation for Today, 57: 71 - 72.

Ying Chun Chen, Chen Chang, 2009. Plant Regeneration through Somatic Embryogenesis from Young Leaves of *Cinnamomum kanehirae* Hayata [J]. Taiwan J For Sci. , 24 (2): 117 - 125.

附录一　国家发明专利证书：一种牛樟茎段组培快繁的方法

证书号 第2419358号

发 明 专 利 证 书

发 明 名 称：一种牛樟茎段组培快繁的方法

发　明　人：陈月桂；宣锦燕；谭嘉娜；罗清文；杨俊贤；罗剑飘；黄海英

专　利　号：ZL 2015 1 0321928.4

专利申请日：2015 年 06 月 12 日

专 利 权 人：广州甘蔗糖业研究所湛江甘蔗研究中心

授权公告日：2017 年 03 月 15 日

　　本发明经过本局依照中华人民共和国专利法进行审查，决定授予专利权，颁发本证书并在专利登记簿上予以登记。专利权自授权公告之日起生效。

　　本专利的专利权期限为二十年，自申请日起算。专利权人应当依照专利法及其实施细则规定缴纳年费。本专利的年费应当在每年 06 月 12 日前缴纳。未按照规定缴纳年费的，专利权自应当缴纳年费期满之日起终止。

　　专利证书记载专利权登记时的法律状况。专利权的转移、质押、无效、终止、恢复和专利权人的姓名或名称、国籍、地址变更等事项记载在专利登记簿上。

局长
申长雨

2017 年 03 月 15 日

第 1 页 (共 1 页)

74

附录二　牛樟组培种苗技术规程

前　言

本标准按照 GB/T 1.1—2009《标准化工作导则　第 1 部分：标准的结构和编写》起草。

本标准由广州甘蔗糖业研究所湛江甘蔗研究中心提出。

本标准由广东省质量技术监督局归口。

本标准起草单位：广州甘蔗糖业研究所湛江甘蔗研究中心、湛江万民增兴农业科技有限公司。

本标准主要起草人：谭嘉娜、罗剑飘、陈月桂、官锦燕、杨淦麟、黄海英、罗青文、杨俊贤。

牛樟组培种苗技术规程

1 范围

本标准规定了牛樟（*Cinnamomum kanehirae* Hayata）组织培养育苗过程中组织培养的条件、培养基的配方、组培培养程序、炼苗和移栽程序。

本标准适用于牛樟各品种的种苗生产。

2 定义

下列术语和定义适用于本标准。

2.1 牛樟组织培养 tissue culture of *Cinnamomum kanehirae* Hayata

指利用牛樟的器官或组织细胞作为外植体，采用无菌操作接种于人工配制的培养基上，在一定的光照和温度条件下，培养成完整牛樟小植株的方法。

2.2 培养基 medium

根据植物营养原理和植物组织培养的要求人工配制的营养基质。

2.3 接种 inoculation

在无菌条件下，将灭菌后的或无菌的外植体置入培养基的过程。

2.4 继代培养 subculture

牛樟外植体经初代培养后，再次以及以后各次接种于新培养基继续增殖的过程。

2.5 牛樟组培苗 tissue culture seedlings of *Cinnamomum kanehirae* Hayata

利用牛樟茎段或茎尖经组织培养，培育的牛樟种苗。

3　牛樟组培种苗的生产程序

3.1　材料与处理方法

3.1.1　选取材料

于晴天上午，选取健康母树中当年生的腋芽饱满且未萌发的幼嫩侧枝作为材料。

3.1.2　材料处理

将侧枝除去叶片并保留 1～2 cm 的叶柄，切成 4～6 cm 长的茎段，先用洗衣粉水浸泡 30 min，再用自来水流水冲洗 30 min。采用 0.1％甲基托布津浸泡 10 min＋75％酒精浸泡 0.5 min＋0.1％升汞消毒 10 min。消毒处理完后用无菌水冲洗 4～6 次。两端及叶柄各切去 1 cm，并切成带 1～2 个腋芽的茎段，接种于芽的诱导培养基上。

3.2　芽的诱导与分化培养

3.2.1　芽的诱导培养

诱导培养基配方为：MS＋BA 2.0 mg/L＋IBA 0.2 mg/L＋蔗糖 30 g/L＋卡拉胶 7 g/L＋活性碳 1.0 g/L，pH 5.8，黑暗培养 1 周后，转移到光照 1 000～1 500 lx 条件下培养 4～5 周。

3.2.2　分化培养

切取诱导萌发的芽转接至分化培养基中，分化培养基的配方为 MS＋6‑BA 1.0 mg/L＋IBA 0.1 mg/L＋蔗糖 30 g/L＋卡拉胶 7 g/L，pH 5.8，光照强度 2 000～3 000 lx，培养时间为 4～5 周。

3.3　增殖培养

将牛樟分化芽接入增殖培养基中，进行增殖培养获得分化丛芽，增殖培养基为 MS＋6‑BA 1.5 mg/L＋IBA 0.1 mg/L＋卡拉

胶 7 g/L＋蔗糖 30 g/L，pH 5.8。光照强度 2 000～3 000 lx，4～5周更换 1 次培养基，可根据实际增殖至所需的苗量，增殖代数控制在 10 代以内。

3.4 生根培养

将丛芽中的芽高达到 3 cm 及以上带叶片的接种于生根培养基中进行生根培养，培养基为：1/2MS＋ABT 0.20 mg/L＋IBA 0.05 mg/L＋卡拉胶 7 g/L＋蔗糖 30 g/L＋活性碳 0.5 g/L，pH 5.8。光照强度 2 000～3 000 lx，培养 4～5 周。

3.5 假植

3.5.1 炼苗及基质的消毒

当牛樟组培苗长到 5～10 cm 高（茎基部至叶尖部），长势健壮，叶色翠绿，不定根长度达到 1～2 cm 时可以进行炼苗。将牛樟瓶苗移出无菌培养室，置于自然光的条件下炼苗 1～2 周，温度控制在 25～36 ℃。光照强度 4 000～5 000 lx。假植基质以 1 500 倍液多菌灵或 1 000 倍液百菌清进行消毒，装入 5 cm×8 cm 的无纺布或塑料种植袋中备用。

3.5.2 洗苗及假植

炼好的苗用自来水冲洗干净培养基，用多菌灵 1 000 倍液消毒。移栽于消毒过的泥炭：沙子：黄泥＝1：1：1 的基质中，并用薄膜覆盖，喷雾保证湿度 70％以上。

3.6 幼苗管理

3.6.1 消毒处理

组培苗假植后，用 1 000 倍液甲基托布津或农用链霉素喷雾 1次，之后每周喷施 1 000 倍液多菌灵。光照控制在 5 000 lx，4 周后逐渐增大光照强度。当小苗新叶萌发、生长旺盛时，可逐渐加强光照促进光合作用和光合产物的积累，增强适应性。

3.6.2 水肥管理

牛樟组培苗移栽后适时浇水，一般在假植后 1～2 周，每天早上 9 点之前或下午 5 点之后浇水 1 次，每次都要浇足够的水。第 3 周可适当减少浇水量。施肥在新叶萌发后，撒施少量的复合肥颗粒（N：P：K＝20：10：20）。

3.7 组培苗的运输

假植的牛樟袋苗，平放码齐装入纸箱进行运输。每一个纸箱内应附上组培种苗出（厂）圃检验合格证，外部应贴上标签，注明品种、数量、产地及日期、联系电话等。

3.8 二次假植

初次假植的牛樟袋苗需要转移至大的种植袋中（8 cm×10 cm、10 cm×12 cm、12 cm×15 cm）进行培养，即可保证种苗的成活率。

3.9 移栽大田

牛樟种苗移栽大田应该选择在阴雨天，移栽后 1 周内浇足够的水。